女人，就是要活出自己

Be yourself

曾雅娴 著

吉林科学技术出版社

图书在版编目(CIP)数据

女人，就是要活出自己 / 曾雅娴著. -- 长春：吉林科学技术出版社，2019.8
ISBN 978-7-5578-5072-2

Ⅰ.①女… Ⅱ.①曾… Ⅲ.①女性—修养—通俗读物 Ⅳ.① B825.5-49

中国版本图书馆 CIP 数据核字 (2018) 第 204395 号

女人，就是要活出自己
Nüren, Jiushi Yao Huochu Ziji

著	曾雅娴
出 版 人	李 梁
选题策划	多向度
责任编辑	朱 萌 冯 越
封面设计	水长流
幅面尺寸	165 mm × 230 mm
字 数	150 千字
印 张	12.5
印 数	1-5 000 册
版 次	2019 年 8 月第 1 版
印 次	2019 年 8 月第 1 次印刷

出　　版　吉林科学技术出版社
发　　行　吉林科学技术出版社
地　　址　长春市福祉大路 5788 号出版集团 A 座
邮　　编　130118
发行部电话/传真　0431-81629529　81629530　81629531
　　　　　　　　　81629532　81629533　81629534
储运部电话　0431-86059116
编辑部电话　0431-81629518
印　　刷　吉林省吉广国际广告股份有限公司

书　号　ISBN 978-7-5578-5072-2
定　价　39.00 元

如有印装质量问题　可寄出版社调换
版权所有　翻印必究　举报电话：0431-81629508

广告经营许可证号：2200004000048

序 PREFACE

美,大概是许多女人一生最执着的追求。这种美,既包括外在的皮肤白亮、五官精致、身材匀称,又包括内在的气韵芬芳,举止得体、百般风情和灵魂有趣。

《诗经》里用"肤如凝脂"来形容女子的肌肤胜雪,白居易将杨玉环的姿色写作"回眸一笑百媚生,六宫粉黛无颜色"。虽然影视剧里展现过这位杨美人的风华,但我们还是觉得不够,要美到什么程度才可以让后宫三千佳丽都黯然失色呢?这种极致的美可能是每个女人都愿意花时间和精力去追求的。

然而,美丽靠包装!

除了个别五官、脸形、皮肤、身材实在是无可挑剔的尤物,中等之姿的普通人想要在大家眼中树立"大美女"的形象,就得根据自身的条件挑选适合自己的风格和路线了。

现代科技发达,微整、微调已经不是秘密,我不反对做后天美女,但我想分享的是如何通过自我调整和自我坚持,让容貌和内

在都焕然一新，让你不惧年龄做个小仙女、美人儿、女主角。

今天，我们不再说女为悦己者容，因为美丽首先是让自己外表和气质更出色，做一个懂得打理自己、会扬长避短的女人，你的明天才可以更加闪耀。

我常对那些陷入苦恼的女人说，请站在一面全身镜前，好好观察眼前的自己。当你在路上迎面遇上如镜中一般憔悴的女人时，你是否愿意与她多交往？

答案是否定的，因为爱美是人的天性。有人说爱笑的女人通常运气不会太差，那么做一个面目清秀、干干净净的女人，运气肯定会更好。

娱乐圈有不少通过自己后天努力而越来越美的"冻龄女星"，也许能给你一些鼓舞。比如国民女神高圆圆，大家都知道她以前的皮肤没有这么白，但她通过后天执着地美白补水，让自己的时尚度提高了至少三个等级，受到了无数男人与女人的喜爱。诸多明星在各种手机美妆 App 上乐滋滋地当美妆博主，分享自己的美白经验，介绍常用面膜，展现自己吹弹可破的素颜皮肤，因此收获了大把

的粉丝。

这里,我们不得不提到"美貌经济学",这是哈默迈什提出的理论。他认为,人的魅力会直接影响个人的收入和前程。

长相好看的人一生平均收入要比长相略差的人高出14.5万英镑(约125万元人民币)。哈默迈什在不同国家的研究显示,容貌的确与成功相关。而在中国,尤其在女性身上,颜值的溢价能力不容忽视。

哈默迈什对一家荷兰广告公司的研究表明,大多数漂亮的雇员为企业创造了高出一般水平的利润。这个结果有着很强的心理学依据。一般来说,消费者更愿意接受漂亮职员的服务,而且漂亮职员在谈判、销售中也更具有说服力。此外,许多心理学实验表明,有魅力的人在社会中能够得到更多的帮助,比如更容易得到陌生人的救助,也更容易顺利进行各种义卖等。

但是,经济学家提出相貌与收入之间并非完全递增的关系,而是类似于"高跟鞋曲线"的形状,漂亮在总体上有助于提高收入,但到一定程度后,漂亮反而会导致收入降低,往往最漂亮的那一类人的收入却没有次美者那么高。

所谓次美者，不是不美，而是少一些醒目。如果说太漂亮是满分，次美就是七八十分，是更安全的、没有攻击性、让人觉得舒服的美。

可以说，每个普通的女孩只要努力，都可以做一个次美者：皮肤白净、气质出挑、教养出众等。

有句话说"文无第一，武无第二"，美也是一样，你不需要成为这世界上最美的人，但你可以成为独一无二的、更为出众的自己。如果你想拥有更好的世界，亲爱的姑娘，你需要把自己外在和内在的美一一找出来，不断强化、放大、展现。

从这一刻开始，你终将蜕变，活成自己最好、最美的模样。

目录 CONTENTS

Chapter One
第一章 要漂亮，必须有变白的执念

第一节 春风十里，娇嫩皮肤要防过敏 3
第二节 夏天护肤，防晒是前提 8
第三节 秋风瑟瑟，美白保湿正当时 12
第四节 冬天懒懒，皮肤需要密集修复 16

Chapter Two
第二章 请把自己的优点放大，再放大

第一节 认识你自己，尤其是你的优点 23
第二节 在这个看脸的世界要懂得藏拙 28
第三节 千姿百态的美，找准你的定位 31
第四节 做个精致的细节主义者 35
第五节 千万不要做别人的模仿秀 40

Chapter Three
第三章 穿对了，才知道自己有多美

第一节 潮流瞬息万变，风格经典永存 47
第二节 服装色彩搭配的法则 51
第三节 每一个人都有自己的穿衣密码 55
第四节 脸形和衣服也要扬长避短 60
第五节 你必须拥有一双好鞋 64
第六节 丝巾是奥黛丽·赫本的，也是你的 68

Chapter Four
第四章 自律的姑娘才能管理好身材

第一节　美女都是狠角色　75
第二节　要敢于有单身的想法　80
第三节　朋友圈健身第一名是这么做的　84
第四节　日常身材管理并不难　88
第五节　瑜伽能让你显瘦　93

Chapter Five
第五章 有趣的灵魂万里挑一

第一节　要长得漂亮，还要活得有趣　99
第二节　有趣，其实没那么难　103
第三节　有耐心的倾听者更受欢迎　107
第四节　有趣，更是取悦自己　110
第五节　有趣的女人能将烂牌打成好牌　113
第六节　好心态是一切的本钱　116

Chapter Six
第六章 你也可以很性感

第一节　不一样的性感　123
第二节　我猜你根本不知道该怎样性感　127
第三节　30岁后性感比青春更迷人　131
第四节　有些肢体语言会让你惊艳全场　135
第五节　最完美的性感是让同性也欣赏　139

Chapter Seven
第七章 女人不怕成熟，就怕半生不熟

第一节　富养自己，首先是经济独立　145
第二节　真公主很低调，"公主病"要治疗　149
第三节　毒舌利嘴的女人并不可爱　154
第四节　教养是一种由内而外的魅力　157
第五节　外表清纯，骨子里要睿智　160

Chapter Eight
第八章 从此只做女主角，不做路人甲

第一节　做一个有形象也有实力的女主角　167
第二节　有漂亮的思想，才有漂亮的人生　171
第三节　格局有多大，世界就会有多大　175
第四节　单身要快乐，婚姻不将就　178
第五节　你可以不成功，但你必须成长　181
第六节　岁月往前走，女主角不怕老　184

后记　188

Chapter One
第一章

要漂亮，
必须有变白的执念

  那些看起来让人眼前一亮的、肤若凝脂的姑娘，都源于她们有变美的决心和持之以恒的耐心！

  《史记》中说：夫春生夏长，秋收冬藏。我们的皮肤就像一个生命体，随着年龄增长，生活习惯、所处环境以及身体状况的不同呈现不同的状态，按照春夏秋冬四季更替的顺序来护肤，才会让皮肤护理事半功倍，从而达到最好的护肤效果。

Chapter One
第一章 /
要漂亮，必须有变白的执念

 第一节　春风十里，娇嫩皮肤要防过敏

> "春山暖日和风，阑干楼阁帘栊，杨柳秋千院中。啼莺舞燕，小桥流水飞红。"虽然春光无限美好，但也暗藏皮肤过敏的危机，不容忽视。

面对一张干净好看的脸，人们第一眼看到的是皮肤白不白、有没有痘痘和斑点。光滑白净的皮肤是每个姑娘梦寐以求的。想变美就必然要改善皮肤问题，要让自己白，要水润的白。只要皮肤好了，哪怕素颜也可以是个很不错的清秀佳人。这也就是所谓的"一白遮百丑"。

在万物复苏、桃李争妍、草长莺飞的春天里，我们的皮肤也开始更快地进行新陈代谢，纹理开始生发、舒展，末梢血管的血液

供应量增加，皮脂腺和汗腺的分泌物也会增多。而且春天有"四多"：梅雨多、春风多、花粉多、灰尘多。娇嫩的皮肤很容易出现各种炎症、过敏、湿疹和痘痘等问题随之而来。所以春天护肤应该做好如下三件头等大事。

洁面温柔多一点

中医有句话说"圣人不治已病治未病"。意思就是说，高明的医生更注意防患于未然。虽然春光明媚，适合踏青，适合恋爱，但这也是皮肤过敏问题的多发季节，要让自己的脸蛋儿安全度过敏感期，就要根据皮肤状态呵护面部。

几乎每个爱美的姑娘都知道，无论化不化妆，紫外线辐射和各种粉尘、细菌、空气污染都会让我们的面部皮肤藏污纳垢。所以洗脸之前的第一道工序，应该是温和地卸妆。

如果说化妆是一门技术，那么卸妆就是一项技能，选择一款适合自己面部肤质的卸妆水就十分必要。春天皮肤容易过敏，卸妆水的pH值以5.5左右为宜，弱酸性对皮肤没有伤害。将温和的卸妆水倒在化妆棉上约硬币大小，轻轻擦拭脸部的妆容，卸掉眼妆、唇妆等所有涂在脸上的妆。

之后，就是洗脸了。你可以选一款刺激性小、香料含量少的温和型洁面产品，比如洁面泡沫、氨基酸洗面乳，还有洁面仪等。我不推荐任何洁面皂，因为其中的皂角都偏碱性，洗完会让你的皮肤处于缺水状态，干燥且有灼热的紧绷感。

Chapter One
第一章 /
要漂亮，必须有变白的执念

洁面产品的温和程度取决于它的 pH 值，而不是产生泡沫的多少。一般来说，弱酸性的洗面乳最适合我们的皮肤，不会刺激皮肤。即使不小心弄到眼睛里面，也不会让眼睛有刺痛感的洗面奶，肯定是最温和的洁面产品了。

多数姑娘有个误区，认为冷水洗脸会促进皮肤的血液循环，对皮肤好。但我咨询过医美专家，在春天时我们的皮肤容易过敏、出现红斑是因为这个季节毛孔出油比较严重，使用冷水洗脸，不但起不到彻底清洁的作用，还会导致脸上的油脂遇冷水凝固，油脂及灰尘只会更顽强地依附在表皮层，更易导致粉刺等皮肤问题。

所以，最好用温水洗脸，水温略高于 20℃，这样才会将皮肤清洁得更干净，也为补水美白等护肤工作打好基础。

早晚养护皮肤功课要做好

一年之计在于春，一日之计在于晨。春，万物生；晨，万物醒。当你睁开蒙眬睡眼的时候，你的皮肤正处于饥渴状态。皮肤组织在夜间比白天活跃，当你进入睡眠的时候，皮肤进入新陈代谢的活跃阶段，这也是炎症、痘痘在你甜美的一觉后会舒缓或消退的原因。

因此，姑娘们一定要记得，每天早上宁可少睡 5 分钟，也要多花点时间在面部的保养上，这样皮肤才会远离过敏和干燥的状态。

我推荐的方法是在温水洁面后，将压缩纸膜放入保湿化妆水中浸泡，然后在脸上湿敷 5 分钟，这样可以帮助面部皮肤快速补水，而且能比常规敷面膜节省一多半的时间。具有单纯补水功效的化妆水就很好，温和不刺激。我一年四季都会用某品牌的薏仁水进行湿敷，你也可以选择适合自己的化妆水浸泡压缩面膜后，进行湿敷。

湿敷之后进入皮肤养护程序，涂上保湿精华液，再把面霜均匀点在脸上，慢慢地推开。要注意的是，每一种护肤品完全渗透后，才可以涂另一种护肤品。如果一种护肤品还未完全渗透，就涂上另一种产品，其中的某些成分混在一起，容易让保湿效果打折扣，起不到产品原有的功效。严重时，还会令皮肤红痒，之后涂上的隔离霜、粉底等也容易脱落。

夜晚睡觉前是面部皮肤保养的最好时段，此时是人体一天中最放松的阶段，细胞生长和分裂的速度要比白天快 8 倍左右，对护肤品的吸收力也特别强，是皮肤自然更新和修复的好时机。这个时候，洁面后再做一个补水或美白面膜，15 分钟后，揭开面膜，就是一张神清气爽的脸。

现代人工作忙，应酬多，熬夜不可避免，一支可以去水肿、去黑眼圈与眼袋的眼霜是必不可少的。最后，再点上有营养、保湿和修复功效的晚霜，就可以去睡美容觉了。

多喝水不是一句玩笑话

每天清晨起来，我会喝一杯蜂蜜水，有助于肠胃消化，也有助于气色的提升。众所周知，水对我们的皮肤白亮和身体健康都非常重要。

Chapter One
第一章
要漂亮，必须有变白的执念

每个人的生命都离不开水，喝水也不仅仅是为了解渴。喝水量不足，你的身体也会有连锁反应——皮肤会蜡黄，眼睛也会更凹陷。一天8杯水的理论是美容专家和营养学家都认同的，一个人如果能长期坚持每天喝8杯水，皮肤一定显得饱满有光泽。

我有个朋友，有段时间脸上痘痘不断，看过中医和西医，内调外敷兼用，两个月都不见效果。医生告诉她，她不仅有内火，还严重缺水，要求她平时清淡饮食，关键是每天要坚持喝足8杯（大概2000毫升）水。于是为了让脸部的痘痘消失，她每天坚持喝8杯水，一年多的时间没有间断过。结果令她欣喜若狂，脸上的痘痘在半年后基本就消失了，整张脸滑滑嫩嫩的，看上去干净白亮很多，甚至眼袋都改善了不少，整个人更有精神、更阳光了。

水是我们体内运送各种营养的载体，只有身体各个系统补足了水，新陈代谢才能保持良性运行。所以，最好能养成在沐浴前后都喝一杯水的好习惯，既能促进皮肤的新陈代谢，又能补充沐浴时体内水分的流失，更能令你的皮肤越发水润。

如果整个春天你都不曾让你的皮肤缺水，不用怀疑，你的皮肤一定会水水嫩嫩、白皙柔滑。

喝水是一件小事，坚持每天喝8杯水却不是一件小事。其实，追求事业也好，追求自身的完美也好，任何成功都没有快车道。这么多年的护肤经验告诉我，如果不能坚持，不花些时间，没有一个良好的生活习惯，想要让自己更美、更好，是一件非常困难的事情。

所有那些以前不起眼，而现在看起来能让人眼前一亮的姑娘，都归功于她们有变美的决心和持之以恒的耐心！

女人,就是要活出自己

第二节　夏天护肤,防晒是前提

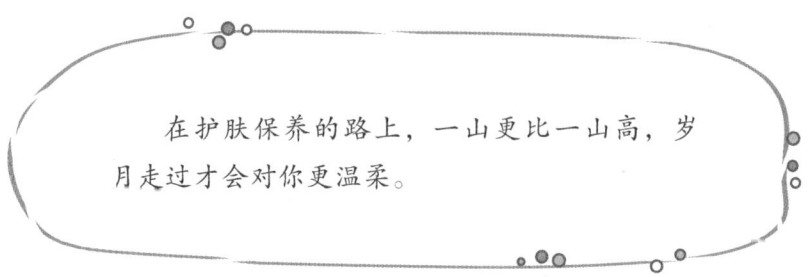

在护肤保养的路上,一山更比一山高,岁月走过才会对你更温柔。

　　夏日的某个周末,我在逛街,遇到一个三四岁的小女孩,粉雕玉琢,奶声奶气,见到漂亮阿姨就叫姐姐。小女孩的妈妈虽是素面朝天,却白得非常干净,也没什么皱纹,看着也不过 30 岁。闲聊两句得知,她的大儿子已经大学毕业一年了。

　　看着她素颜时也白皙无瑕的脸,我不禁向她请教保养秘籍。她笑着说,别看她几乎没有化妆,其实打底工作做得特别细致,从带有防晒指数的面霜到隔离霜,还有随身携带的防晒补水喷雾,一

Chapter One
第一章 /
要漂亮，必须有变白的执念

应俱全。

　　年轻姑娘们总觉得有资本任性，懒得做防晒措施，熬夜不怕黑眼圈。但过了 25 岁，如果还没在保养护肤上总结出一套让自己变美的方法，那就只能看着自己变丑。

　　而且夏天气温高，室内因开空调而干燥，所以护肤品和化妆品一定要切换到轻薄模式，主要为补水、防晒。

夏季补水，以一敌百

　　我们的皮肤在一年四季中都要强调补水，但是相较于其他三个季节，夏季补水尤为关键。夏季气温高，容易出汗，汗水会带走人体的大量水分，如果不及时补充水分，皮肤就会非常干燥。

　　很多姑娘在炎热的夏天会感觉皮肤油腻腻的，这是皮肤缺水导致的水油失衡，要及时给娇嫩的皮肤补水。

　　皮肤特别干燥的时候，皮肤角质会变硬，油性成分或是大分子成分就很难被吸收。就好比一块硬化的干海绵，你为它涂抹再多的养分，也不能使它柔软。你得先把皮肤接收养分的通道打开，这样它才容易接受你给予它的养分。

　　补水是一个长期的过程，仅每天早晚的日常爽肤水补水是不够的，敷面膜是最快速有效的补水办法。在夏天，我一般把面膜放在冰箱里冷藏半小时，这样冰镇后的效果会更好，敷在脸上凉凉的也可以降温。每晚我都会使用一片补水面膜，只要坚持两个月，就可以发现皮肤色泽均匀很多。如果家里有黄瓜、蜂蜜、牛奶，自己动手制作补水面膜，效果也十分不错。

　　皮肤要持久保湿，不能轻视锁水功能。你需要一款含有透明质酸、可以锁住皮肤水分的面霜。同样可以将锁水面霜放在冰箱里冷藏，每次使用的时候取出一些涂抹在脸上，感觉会更加清爽，也更加轻薄舒适。

防晒总动员

　　紫外线是让皮肤变黑衰老的元凶，不防晒的美白与补水都是无效的。夏季紫外线辐射最强，皱纹和斑点也很容易因为防晒没有做好而爬上你的脸。

　　我所在的城市南昌是"全国四大火炉"之一，气温最高的时候地表温度在45℃以上。曾经有记者在中午拿一个生鸡蛋摊到马路上做实验，半小时后鸡蛋被烤熟。如果不想自己的皮肤像鸡蛋那样被烤干，那么防晒措施一定要做仔细了。

　　外出游玩，防晒措施应该软硬兼施。防晒太阳伞、太阳镜、遮阳帽一个都不能少，防晒霜、隔离乳要比平时用的防晒指数高。你平时可以用SPF（防晒系数）为15的防晒产品，出外游玩暴露在太阳下的时间更长，就应该用SPF30以上防晒指数的产品，游泳时还要选择可防水的防晒护肤品。

　　另外，随身携带一个有补水防晒效果的喷雾小瓶，在工作或游玩期间觉得皮肤干燥时就拿出来喷一喷，及时为皮肤补充水分。

Chapter One
第一章 /
要漂亮，必须有变白的执念

护肤品切换到轻薄模式

夏天容易出汗，人会觉得油腻腻的，所以有的姑娘晚上洁面后不涂面霜，感觉这样皮肤才够清爽。

然而，洁面后不涂面霜是错误的，补水之后的重要一步就是持久锁水，一款清爽透气的面霜会有良好的锁水功效。面霜分日霜、晚霜两种，日霜的主要作用是保湿防晒，晚霜一般是锁水修复。对于容易缺水的皮肤来说，一款质地清爽的晚霜非常重要，因为晚霜可以促进皮肤的新陈代谢，促使皮肤自我修复得更紧致。

如果一个夏天都用心呵护皮肤，你的皮肤一定会看起来水汪汪的，令自己很惊讶。

女人，就是要活出自己

第三节　秋风瑟瑟，美白保湿正当时

> 秋风瑟瑟，白居易说"不堪红叶青苔地，又是凉风暮雨天"，短短一句道出立秋后的天气——红叶飞，风凉，夜雨。

秋天到，皮肤在历经夏日紫外线的肆意侵袭后，胶原蛋白大量流失，是时候进行美白保湿养护了。

我的一个朋友32岁了，但见到她的人都说她只有20多岁。她的皮肤真正称得上肤如凝脂，不仅面部皮肤好，而且手臂和小腿的皮肤也白得动人，用通体雪白来形容也不过分。她平时很少化妆，只在参加一些大型会议或者活动的时候，涂一点隔离霜和口红。虽然只涂抹几下，但是在白嫩皮肤的衬托下，她已经非常光彩夺目了。

Chapter One
第一章
要漂亮，必须有变白的执念

我常羡慕她，每次见面都特别想掐一掐她水嫩嫩的脸。可能有人会问我，她是不是天生皮肤白啊？

当然不是，曾经的她也是普通的黄皮肤姑娘。偶然听了一个根据季节护肤养肤的中医专业讲座后，她开始坚持按季节护肤。比如现在是秋天，那就强化美白和补水，不仅注重护肤品的使用，还要关注饮食的调理。

秋天要使用带油分的面霜

夏天，因为天气燥热，人体会出油，我们要选择清爽的护肤品来控油；而秋天，随着气温降低，皮肤的出油量会渐渐减少，这个季节要保持皮肤的水油平衡，就要给皮肤一点油分，需要使用带点油分的面霜。

皮肤出油是因为缺水，是皮肤干燥的表现。我属于偏干性皮肤，所以特别注意补水。洁面后我喜欢用保湿的爽肤水，用化妆棉沾满爽肤水，反复拍打面部，让面部皮肤多吸收水分。然后，再涂抹质地好、营养充足的面霜。

白天，我会涂抹含油的护肤霜或粉底霜，给皮肤建造一层防晒保护。晚上洁面后，我会配合使用含油脂酸、维生素 A 和维生素 E 的乳液或面霜来温和地滋润皮肤。

女人，就是要活出自己

保湿补水一天都不要间断

秋天，早晚气温相差可不是一般的大，这样的天气会让我们的皮肤抵抗力下降，也容易处于缺水状态。

因此，秋天护肤时，我们仍然要及时给皮肤补充足够的水分。

我们在选择保湿产品时，要先了解各种保湿成分的特性和作用。如果说有一样补水单品，任何肤质都适用，那么当属透明质酸、玻尿酸类补水产品。透明质酸、玻尿酸类的面膜和原液安瓶也被强烈推荐，因为透明质酸能吸收高过自身10倍的水分，在短时间里让皮肤水分充足，据说也是目前市面上锁水保湿化妆品中最主要的成分。

如果你的皮肤本身不错，也可以选择含天然保湿因子的护肤产品，天然保湿因子中含有氨基酸、乳酸钠、尿素等复合物，吸水保湿效果也十分好，能自动调节皮肤的酸碱值，维持皮肤角质的水分。

护理角质也要温和多一点

去除面部角质，主要是去除皮肤角质层和老化的死皮，以及一些平时未曾清洗干净的粉底、粉尘。它是一种较强的清洁方式，相当于给面部皮肤做大扫除。

去角质不是每天必需的护理程序，一般一周一次就可以，如果皮肤较薄或有红血丝，半个月去一次也无妨。

适中的角质层能够保护皮肤，清洁过度很有可能导致角质层过

Chapter One
第一章 /
要漂亮，必须有变白的执念

薄。如此一来，面部皮肤失去了保护，会变得十分脆弱。

护理角质的产品以啫喱为最好，洁面后，将啫喱涂抹在脸上，动作一定要轻柔，这样皮肤角质才不会受伤，并能得到最彻底地清洁。

去除角质后，我们就可以进行日常的皮肤保养工作了，要记得依次涂抹爽肤水、乳液、面霜等护肤产品。面部皮肤获得足够的水分和营养，你的皮肤离白皙透嫩又进了一大步。

在十分需要补水的秋天，请一定要多多关照你娇弱的皮肤，洁面时依旧使用温和的水，每天用补水面膜，不要嫌麻烦。实在想偷懒的时候，我建议你使用强补水晚安面膜，可以不洗掉，脸上轻轻涂一层就可以美滋滋地睡觉去了。第二天醒来，保证你的皮肤晶莹透亮。

女人，就是要活出自己

第四节 冬天懒懒，皮肤需要密集修复

> 俗话说，冬进补，春打虎。冬天是适合养生的季节，不仅身体要进补，我们的皮肤也需要进补。

随着秋天的离开，冬天大驾光临了。冬天最显著的特点是寒冷，对爱漂亮的姑娘来说，最大的好处就是可以多吃一点食物，反正厚衣服会把身上的肉肉藏起来。

但是，冬天也是个让人发愁的季节，寒冷的天气令我们的气色变差，姑娘们也会因为冷而变得懒散，不想每天进行细致的皮肤护理，这样可不行哦。

在冬天，我们不仅要给皮肤补水，还要把高端精华补起来。如

Chapter One
第一章 /
要漂亮，必须有变白的执念

果要问哪个季节最适合把皮肤养白，答案就是冬天。所以，冬天的主题就是——密集修复，要白！白！白！

在冬天皮肤容易出现的问题

冬天既干燥又寒冷，暴露在冷空气中，脆弱的皮肤表皮和角质层更容易流失水分。有的姑娘，一到冬天，脸上的皮肤就非常干燥，即便涂抹保湿的粉底液，脸上也会起皮，化妆也不服帖，甚至卡粉。究其原因，就是皮肤太缺水了。

细胞的含水量直接决定着面部皮肤的弹润程度，当细胞缺失水分的时候，表情纹、细纹就会增多，让人有瞬间衰老的感觉，但这都是假性细纹，只要修复得当就会缓解。

早晚温和洁面之后，要少次多量地给皮肤拍进润肤水，直到皮肤吸收不进去为止。尽量选择质地浓稠、含精华液成分的润肤水，让皮肤在喝饱水的同时也吸收到营养。有付出就有回报，对自己的脸多投入一点，不要心疼用过多的润肤水，因为这样才有强效补水的作用，你的皮肤才会在冬天里也透着光泽。冬天，一瓶400毫升的润肤水，我一个半月就能用完。

正确的修复方式——密集修复

给皮肤拍足水分之后，记得再涂一层润而不油的保湿面霜。如果年龄已经接近30岁，一定要选择功效全面的面霜，比如提拉紧致、修复锁水、祛皱等。

即使选用正确的面霜，也不会在一两周内给你惊喜，但是当你使用28天之后，你会发现皮肤状态变好了，不会感觉干燥了。坚持早晚使用，一款好的面霜最终会带给你惊喜，它会阻止皮肤水分过度流失，还会让皮肤的胶原蛋白恢复到最好的状态。尤其是晚霜，可以修护白天皮肤受到的伤害，给皮肤补充营养，从而增强皮肤的修护、再生能力。

密集修复的具体做法各不相同，有些需要每天早晚坚持做，有些则是一周做两次就好。比如，二十四小时补水的早晚霜需要每天使用，夜间精华只需要晚上使用，补水面膜可以每天做，但是美白面膜一周最多做三次就好。我有一个快速水润秘籍，当皮肤感觉不那么水润时，在睡觉前涂抹一层某品牌的小黄油，第二天清晨洗完脸，皮肤就会特别紧致弹滑。这种密集修护的方法坚持五天，效果特别好。

所以，别偷懒，为自己制订一张冬天的密集护肤计划表，然后坚持按计划表来呵护你的皮肤，来年就等着收获一整年的水润好皮肤吧！

 护肤品不是万能的，但不用护肤品是万万不行的

没有一种药可以包治百病，护肤品也是一样。没有哪个品牌的护肤品是万能的，但不用护肤品是万万不行的。

护肤品广告给人的感觉就是"擦完就能保持或恢复年轻"，当

Chapter One
第一章 /
要漂亮，必须有变白的执念

然那种立竿见影的效果是不可能的，广告只是一种引导，给你一个甜蜜的诱惑。每个姑娘的肤质不同、年龄不同，皮肤对产品的吸收效果也不一样。要想自己的皮肤变好，贵在找到适合自己肤质的产品并坚持使用。

护肤不能求立竿见影，它需要你每天多花一点时间，日积月累，皮肤的瑕疵就会越来越少，肤质也会越来越好。护肤品牌千千万，活性成分天天换，但其基础功能主要是三个：清洁、补水和修复。

"世间所有的美貌，都有金钱的味道。"这句话有一定的道理，其实更准确的说法是——世间所有可以持之以恒的美貌，除了有金钱的味道，还有自我对美的不断追求。

你会买买买，不等于你会坚持做，我见过拥有 300 张面膜却一个月懒得敷一张的姑娘，她的皮肤状态可想而知。

所以我们不鼓励买买买，买了不用不是浪费吗？正确的方式是，咨询皮肤专家，了解自己的皮肤，找到适合自己的护肤品，合理搭配，坚持使用。这样才会让你的皮肤娇嫩，吹弹可破。

女人，就是要活出自己

我见过最快的懒人护肤，在一分钟内完成洁面、拍打柔肤水和涂抹面霜等一系列护肤过程。心急吃不了热豆腐，在皮肤的护理上也是这个道理。洁面之后，涂抹柔肤水、精华、眼霜、面霜都要有一个合理的时间间隔。我的方法是，每涂完一样产品要等30秒，让皮肤更好地吸收，然后再涂下一个产品。

谁不想被岁月长久地温柔相待，皮肤白皙动人，眼角没有皱纹？而那些埋怨岁月无情的姑娘，要先检讨下自己，你可曾花时间好好善待自己的脸？

Chapter Two
第二章
请把自己的优点放大，再放大

　　不管我们是否愿意承认,在这个看脸的世界,似乎漂亮的小姐姐犯了错更容易被原谅。所以,我们要尽可能地向世界展示一个完美的自己,至于缺点,你要学会将它们巧妙地隐藏起来。

Chapter Two
第二章 /
请把自己的优点放大，再放大

 第一节　认识你自己，尤其是你的优点

> 有一个成语叫"唇红齿白"，有人叹息不是每个人都有那么好的气色。其实，想要红唇，很简单，买一只适合自己的口红就可以了。

千万不要认为只有内在就足够了。杨澜说：没人有义务透过连你自己都毫不在意的邋遢外表，去发现你优秀的内在。当你去找工作时，简历上除了能力展示，一般还会有一张照片，展示你的相貌和气质。那张照片是非常重要的，所以网上才会有点击量十万以上的爆文《你的形象决定你的收入》。

我绝不是鼓动你只要外表美，而是在强调一个问题：一个聪明的姑娘要懂得发现自己的优点、特点，把自己的优点无限放大，把

女人，就是要活出自己

自己的缺点巧妙地藏起来。如果你身材好，那就尽量发挥优势，穿短裙，露出美腿；如果你额头饱满，那就露额头。这些都不是很难的事情，只要给自己一点耐心，做一个精致的姑娘，你的人生会更精彩。

我的身高只有一米五七，所以不能苛求自己必须是大长腿。但是我的身材比例还可以，我就让它成为优势：穿着长度到脚踝的飘逸长裙，营造比较仙儿的感觉。偶尔需要干练气质装扮的时候，就穿阔腿裤和修身的衬衣，色彩上以亮色、浅色为主，给人视觉上的愉悦感。

经常有人说我是小个子里气场最强大的女生，也有小姑娘会向我索要连衣裙的购买渠道，但是我会给她们忠告——不要模仿我的穿着，因为我骨架小，穿大裙子可以给人飘逸的感觉。但如果胸部丰满的姑娘按我的方式打扮，看上去会像是穿了一件孕妇裙。

我们要的美，不是千篇一律的，不是别人眼中流行的，而是属于你自己的。

阔别大众视线一年多后，年近四十的姚晨出现在《星光演讲》的聚光灯下，身着一袭墨绿色的露肩连衣裙，庄重典雅，仪态大方。虽然她的皮肤有些松弛，身材也因为生育比从前丰盈一点。但是，她依然很美。

娱乐圈里没有丑女人。姚晨身材高挑，属于给一块麻布也能穿出时装范儿的模特坯子。她五官精致，标志特征是她的大嘴巴。不喜欢的人会把嘴巴大看成她的缺点，但在喜欢的人眼里，这就是姚晨独一无二的美。姚晨也懂得自己的优势，笑起来总是很大气，即

Chapter Two
第二章 /
请把自己的优点放大，再放大

使偶尔露出牙龈，也丝毫不影响她的迷人气质。

在《星光演讲》现场，姚晨坦然面对自己"过气明星"的身份，她演讲的内容就是一个中年女演员的尴尬与疑惑。回想过去的峥嵘岁月，她坦言自己因为生孩子错过五年最好的演艺时间，确实有过焦虑和无奈。她是演员姚晨，也是一个普通的妻子和妈妈，爱丈夫、爱孩子，会有一个中年女演员在家庭和事业之间摇摆的患得患失。她没有粉饰自己，有的只是一定阅历之后才会有的坦然和自信。当演讲结束时，她露出自己的招牌笑容，那开朗灿烂的笑，依然让很多网友感觉姚晨的美很真实。

大嘴性感的姚晨是姚晨，中年过气的姚晨还是姚晨，不掩盖、不修饰，做自己就好。优点是你，缺点也是你，但多数姑娘总是善于发现自己身上的缺点，你是不是觉得自己太胖、眼睛不够大、嘴巴不够性感，甚至声音也不够动听？总是把焦点放在自身的弱点上，结果就是，自卑、自卑，无限地自卑。

红叶今年大四，在一家报社实习。但实习半个月后，她就躲在家里不出门，妈妈让她去买水果，她都要晚上出去，恨不得不要见人才好。她觉得自己很丑：脸太宽、头发少、个子矮。因为她感觉自己丑，心里总是闷闷不乐，实习时没人愿意带她，再看看周围都是漂亮女孩，她很自卑，连走路都低着头，不想抬头面对别人。

细细问她原因，原来她在网络游戏上认识一个男孩，俩人开心地聊了两个月，但男孩与她见面后就再也不和她联系了，红叶就成了传说中的"见光死"。在照镜子或自拍的时候，她就发现自己长得确实不好看：眼睛那么小还近视，脸那么大还是方形的。

女人，就是要活出自己

红叶自暴自弃，懒得梳洗打扮，也不再用面膜。但实际上，红叶的特点十分鲜明，虽然她只有一米六的身高，但是她有一双标准的铅笔腿，而且笑起来十分甜美。我建议她放弃运动鞋、哈伦裤之类不适合她的装扮，换上牛仔短裤和修身短袖。顿时，她的时尚感爆棚，这样的装扮让她在人群中的回头率高了许多。于是她渐渐找回了自信，笑得也越来越开心了。

红叶非常在乎自己的容貌，也希望自己能变得好看、精致一些。但是，因为只看自己的不足，一度认为除非换头才能挽救自己的颜值。

大部分人属于中等姿色，很多时候只是没有发现自己独特的美。所以，是你真的不够美吗？不是，平庸只是因为你没有找准自己美的定位。

三分长相，七分打扮。你所有的精力和付出都要有针对性，让你的形象发生质的改变，否则极有可能是竹篮打水一场空，劳民伤财，还伤身。

人最大的弱点就是容易小看自己。找工作时，你看到一份很喜欢的工作，却没有投简历，你在犹豫："这么好的岗位，我恐怕能力不足，何必自找麻烦！"哲学家忠告人们要"认识你自己"，但是大部分女孩却把这句话理解为"认识你的缺点"。一份心理杂志的调查结果显示，不少女孩的自我评价包含太多缺点，其中不漂亮、不自信是排在前三位的。

能发现自己的缺点固然很好，因为你可以借此改变和提高。如果只是认识到自己的缺点，而看不到自己的优点，你就会陷入自卑

Chapter Two
第二章 /
请把自己的优点放大,再放大

的境遇,觉得自己没有任何价值,甚至都不敢在众人面前表达自己的想法。

所以,今天我要告诉所有不够自信的女孩:你的自恋一定要比自卑多一点!

要学会发现自己的美丽、优点、特点,让自己可以坦然面对自己的各种不足,然后争取把不足变成自己独有的美丽。

仔细地看看你自己,寻找自己具有的优势。这些优势是你的一部分,是你生存的原始力量。终有一天,你的美丽会使你生活得更自信、更快乐。

女人，就是要活出自己

第二节　在这个看脸的世界要懂得藏拙

> 每个人的相貌都有缺点，也有优点，为什么你只盯着自己的缺点懊恼，而不尽情展现自己的优点呢？

　　提起赵薇，大家对她最深刻的印象一定是那双灵动的大眼睛；想到刘亦菲，大家脑海中会浮现她挺立的鼻子。所以，你看，赵薇的照片多半是体现眼神的，而刘亦菲的镜头则是用侧脸来突显鼻子的挺立。每个姑娘都会有自己五官上最熠熠生辉的美丽，把它找出来加以放大，那就会成为你的优点。

　　贾静雯曾以学姐的身份上了某亲子节目，在节目中她大胆素颜出镜，转身回眸微笑的一刹那，年轻的男嘉宾眼中满是惊喜。贾静

Chapter Two
第二章 /
请把自己的优点放大，再放大

雯最大的特征就是眼睛灵动会说话，她永远是用眼妆突出自己，微微一笑就很倾城。

难道明星的相貌就没有缺点吗？不是，每个人的外貌都会存在或大或小的问题，她们也有缺点，但她们在展示自己独特一面的同时巧妙地将缺点掩藏起来，于是你的注意力就被她们最漂亮的一面吸引了。

所以，我们要懂得扬长避短，把优点发扬光大。很多人都想要一双好看的眼睛，但是有的人就是眼睛不大，怎么办？我不反对割双眼皮、开眼角，但也不鼓励女孩们用这样的方式来变美，因为一个人可以持久的美丽绝不会是受益于医美，而是要学会藏起自己的缺点，体现自己的优势。

时光在使女人容颜变化的同时，往往会有宝贵的回馈。聪慧的女人经过十八岁的青涩、二十五岁的灿烂，在三十岁之后会变得从容、坦然、大气。这样的女人自带气场，能让自己的美在岁月打磨中愈发吸引众人的目光，耐人寻味。而这个升华的过程，就是一种巧妙"藏拙"的过程。

化妆和搭配是最表层的藏拙方法，也是一条让别人发现你优秀内在的便捷通道。通过化妆和搭配，我们能有效地制造错觉，从而使小眼睛也可以明眸善睐，矮个子也可以亭亭玉立。

隆胸、抽脂、填充等昂贵的"捷径"都是我不提倡的，那些整容成瘾的姑娘为什么会担心自己老去，惶恐于脸上忽然长出的一条皱纹？那是因为她的内心没有自信。

当你可以坦然面对真实的自己，自信地认为你的大嘴是美的、

女人，就是要活出自己

鼻梁上的雀斑是可爱的、圆脸是好看的，这份自我肯定才能给你一个支点，让你找回真正的自己，才能找对方法来展示自己最具特征的美，从而实现掩藏缺点的目的，甚至可以把缺点变成最具有个人特色的美丽。

Chapter Two
第二章 /
请把自己的优点放大，再放大

 **第三节　千姿百态的美，找准你的定位**

"翩若惊鸿，婉若游龙"，这是叹绝美清丽的洛神；"云想衣裳花想容，春风拂槛露华浓"，这是颂丰腴娇媚的杨玉环；"俏丽若三春之桃，清素若九秋之菊"，这是赏独立自傲的王熙凤。

熙熙攘攘的人世间，美是千姿百态，是各色缤纷。但是不管是何种美，爱自己，才是真正由内而发的美。

所有的女孩都希望自己相貌出众、容颜姣好，但天然去雕饰的自然美少之又少。我们必须承认，大部分人相貌平庸，泯然于众人。有的女孩天生骨架大、身材丰腴，有的女孩单眼皮、双眼无神，有的女孩鼻梁坍塌、面部扁平。面容精致完美的女孩凤毛麟

女人，就是要活出自己

角，大部分的人如同你我一般普通而且相貌平平。

但是，若是你找准了自己的定位，精心雕琢，活成内心强大、外观精致的样子，那么，你的美就是独一无二的，是撩人心魂的，是让人过目不忘的。

舒淇刚出道的时候，在美女如云的演艺圈中可以算得上是一个异类。细长的双眼，暗淡无光的眼神，轻薄开阔的嘴唇，脸颊上散落的零碎雀斑，无论如何她都难以称得上是美女。

当时，演艺圈流行如李嘉欣、关之琳、袁咏仪那般双眼深邃、五官立体的美女。对于舒淇来说，似乎一进入演艺圈就比别人落后一个身位，她常常要忍受他人忽略甚至轻视的目光，曾有圈内人说"怎么会有人长得像你这么丑？"质疑与轻鄙纷至沓来。一个普通的角色，她要付出比常人更多的努力才能得到试镜的机会。

她知道自己不漂亮，五官扁平没有特色，还有一头海藻似的自来卷长发。无论从哪方面来看，她都与"美"这个字毫无关联。但舒淇坦然接受自己的不完美，并有意放大自己的优点。随着时间的积累，岁月的沉淀，她给观众留下了难以磨灭的印记。

偌大的银幕上，她不大的眼眸魅惑神秘，时而调皮，时而性感，时而少女，舒淇赋予了自己最丰富动人的美感。

在 2015 年戛纳国际电影节上，舒淇作为《刺客聂隐娘》的女主角亮相电影节红毯，引得国内外无数媒体追捧。作为当时电影节影后的有力竞争者，舒淇在法国戛纳有着极高的人气。镁光灯在她的周围不停闪烁，优雅而迷人的舒淇吸引了所有人的目光，让人无法忘怀。

Chapter Two
第二章 /
请把自己的优点放大，再放大

即使容颜渐渐老去，舒淇仍是凭借着自己独特娇媚的面容，丰厚过硬的作品，成为华语影坛不可忽视的星光。而她曾经不那么完美的面容，似乎重新定义了关于美丽的含义。

我的前同事小周，是来自四川大凉山的农村姑娘。从小家境不好的她，大学一直在勤工俭学，暑假又要回家帮忙干农活，长期以来风吹日晒、日夜操劳，她自然不如其他同龄人光鲜亮丽。

我至今记得刚来公司报到的时候，她皮肤黝黑，穿着一条廉价的牛仔裤，肩膀上斜挎着一只洗得发白的布包。

她的形象自然引起了其他同事私下里的嗤笑和不屑，甚至有人暗中给她取一些不雅的外号。

但是那时候的小周，眼神清亮，笑容淳朴而坦然，似乎完全不介意同事异样的目光。她认真好学，对工作尽职尽责，对同事关心体贴。渐渐地，大家也和她玩到了一起。下班后，她跟着同事一起去逛街、运动，并开始学习护肤。

针对肤色黯淡、双颊有痘印，她注重清洁皮肤和及时补水。刚开始双手笨拙的她，在家的时候经常练习画眼线和眉毛。慢慢地，她脸上的瑕疵褪去，虽然肤色有些黝黑，但开始散发莹润的光泽。

在别人的建议下，她根据自己的肤色搭配衣服，着装越来越得体。本来丰腴的腰肢，在长期的锻炼之下也变得纤细起来。

久而久之，小周变得越来越光彩夺目，让人难以忽视，她穿着剪裁合体的长裙，画着欧美系妆容，显现出脱俗的气质，就连以往看着平庸的五官似乎也变得立体起来。

男同事们早就忘记之前给她取的那些外号，之前的嘲笑如今也变为赞赏。在公司女孩追求白、瘦、美的氛围中,小麦肤色的小周是那么独特又耀眼。

我们平常细心呵护皮肤,勤于做瑜伽锻炼,花重金去商场购置衣物,但这些只是表象。想要美,关键是找到适合自己的风格和定位。只有这样,护肤、锻炼与服饰搭配才能相得益彰。

身材不高,偏偏执迷于欧美风的五分裙,再精致得体的裙子穿上去也只会显得你更加矮小。下身偏胖,非要穿浅色的裤子,殊不知穿上白色长裤,大腿显得更加壮硕。皮肤黝黑,却很喜欢黄色的衣服,即使是大牌,也只能显得气色颓然,易让人视而不见。

世间美丽千千万,当你找到最适合自己的那种时,一切便倏然不同。你的一颦一笑,你的眼波流转,你的眉间风情,都如同夜空皓月那般夺目与迷人。

亲爱的姑娘们,大部分人手中抽到的都是平庸的牌,天生丽质、面容精致毕竟是极少部分人才拥有的资本。而我们若是凭借着自己的能力,找到适合自己的美丽,则会在变漂亮的路上越走越远,人也就越走越潇洒。

Chapter Two
第二章 /
请把自己的优点放大，再放大

第四节　做个精致的细节主义者

> 一颗微尘，细若不见；一滴清水，若有若无。但是它们却是构成所有事物的分子，日积月累，终究成就大器。

在张爱玲的小说《倾城之恋》中，范柳原第一次看见女主角白流苏时，注意的不是她瓷白的皮肤、娇滴滴的清水眼，而是她耳垂边那对闪着莹莹细光的珍珠耳钉。

当时的白流苏已是离婚女人，纤弱的她回到了自己的娘家可谓寄人篱下。但即使如此委顿，她依旧不忘记穿上得体合身的旗袍，戴着自己那对精巧细腻的耳钉。

想要变美，就要注意自己的衣着、妆容、发型，要做一个精致的细节主义者。你的每一个细节都暴露在众人审视的目光下,稍不注意,便会令你的形象大打折扣。

人潮涌动的大街上,一位姑娘穿着价值不菲的羊毛大衣,气质高冷,引得不少人回头。但是却有人发现,她的打底裤小腿部分已经出现了明显的勾丝,实在是令人大跌眼镜。

宴会或者舞会上,有姑娘画着精致的妆容,举手投足也都是淑女范儿。但一笑之下,露出两排微黄的牙齿,让人看了不禁心生惋惜。

细节决定一切,这句话虽老套,但是却彰显出简朴真挚的道理。许多人在变美、变白、变好的路上,往往忽视了细节,从而难以如愿。

精致的淑女会注意自己身上每一寸皮肤、每一缕发丝,不允许有一丝一毫的偏差。如今,虽然我们早已不那么严苛,但是细节之处彰显的美丽,却往往让人印象深刻,难以忘怀。

细节之处见真章是女明星大S深谙的一个道理。作为"美容大王",在变美的这条路上,她敢于尝试任何措施与方法,而她对细节的追求已经到了极致的程度。

她在访谈节目中提道,她会定期处理自己脚后跟的死皮,这样穿高跟鞋的时候别人就不会看见粗糙皲裂的脚后跟。她常年为自己脱毛,腋下、手臂、腿部,让自己的皮肤一直保持细腻光滑,不会出现不必要的尴尬。

这些微小的细节不断沉淀,影响着她的皮肤和面容,让如今已至不惑之年的大S似乎更加怡然自得。在微博露出素颜的她,皮肤细腻莹白,看起来比实际年龄年轻十岁,赢得了许多网友的赞赏。

Chapter Two
第二章 /
请把自己的优点放大,再放大

有些人问,那些细节真的那么重要吗?会有那么多人留意吗?对于这个问题,我只想反问,若你看见一名衣着得体的女孩耳背处有若隐若现的污垢,你又是如何感想?记住,我们的每一处细节,包括每一句话、每一个眼神,都会被他人看在眼里,记在心里。

说到这里,我不由想起我的大学同学李芳。小城市出身的她,家境普通,长相平平,在缤纷多彩的校园里,她能立刻被淹没在人群之中。

平凡的家境不允许她去商场购买那些价值不菲的衣服,她只能和大部分的女孩一样,逛服装批发市场,买一些时尚靓丽的衣服。

但是与其他女孩不同的是,李芳在搭配每件衣服的时候都格外用心,会用一些别致的配饰来增亮服装的色彩,让人眼前一亮。

有时候,她会在脖子上系一条丝巾,把她身上的连衣裙衬托得更加典雅出尘;有时候,她会在黑色的羊毛大衣上别一枚胸针,给沉闷臃肿的冬日服装增添了别样光芒。

心细如她,总是把自己收拾得一丝不苟,就连额边的发丝也是毫不凌乱。虽然她身上的衣服不是大牌,但是看上去干净整洁,没有皱褶,再巧妙地配上有着画龙点睛之效的配饰。从此,在班上李芳便成了"气质女神"的代名词,有不少男生都暗地里对她倾心。

其实她也同你我一般普通,但是却因为做好了每一个细节,便与众不同,让人无法忽视。

以小见大,见微知著。若是我们真正把每个细节都做好,臻于完善,那么成功和变美对我们来说将是水到渠成的事情。

我是手控,特别喜欢看修长白皙的手指抚琴或泡茶。我们也

女人,就是要活出自己

都知道,手是女人的第二张脸,但总会有人花很多时间去美甲,却不记得清洗手上残留的污渍。有一次出去吃饭,我发现邻桌一个女孩面部皮肤吹弹可破,我忍不住看了又看,却不小心看到她端起杯子的手,皮肤粗糙发黄,指甲油残缺,整体感觉脏兮兮的。这是个只顾脸不顾手的女孩,我对她的感觉立刻变差,甚至有些不忍直视。

双手保养并不费钱,但是需要时间。最实用的是 DIY 手膜,用红糖和蜂蜜混合,每晚敷手。还要随身携带护手霜,只要手沾到水后就涂一层护手霜。如果手指关节粗大,就要按摩手指的两侧,从根部到指尖,一点一点地按摩,这样可以使关节粗大的手指慢慢地变得粗细均匀。这样,你的第二张脸就可以和你的脸颊一样不丢分。

努力挣钱,努力变美,努力升职,这是许多成功女性对年轻人的忠告,但是她们却很少提及要努力做好每个细节。

亲爱的姑娘们,从今天开始,洗脸的时候注意手法,轻轻按摩面部;从今天开始,出门前仔细检查自己的牙齿,以免公众场合出现不必要的尴尬;从今天开始,让自己的皮鞋锃亮,不因鞋上的灰尘影响自己的形象。

精于细节,并不是吹毛求疵,只是让我们身上每一处都合适得体,光彩照人。

宋美龄女士晚年在美国波士顿大学被授予博士学位的时候,已经九十二岁,但坐在轮椅上的她梳着精致得体的发髻,耳垂上缀着翡翠耳环。她依旧穿着自己最爱的旗袍,更加令人瞩目的是在旗袍的左上方别着一朵黄白色的茉莉胸针，在墨绿色旗袍的衬托下，仿佛幽香四溢，格外动人。

　　每个姑娘都应当优雅，与年龄无关，与他人无关，只关乎自己的内心。纵使有一天我们年华老去，青春不在，也要让我们身上每一个闪光的精致小细节都成为加分项，悄悄地诉说着属于我们自己的优雅故事。

女人，就是要活出自己

第五节　千万不要做别人的模仿秀

炎炎夏日，熙熙攘攘的街市上，许多青春靓丽的姑娘们结伴而行，很多人都扎着当季最流行的丸子头，于是满街都是大小不一、形状各异的丸子头。

自从高圆圆在巴黎时装周以丸子头亮相后，年轻女孩们之间就掀起了一阵丸子头的风潮。大街小巷，绝大部分的女孩都模仿起高圆圆的丸子头，可以说，这个发型瞬间风靡全国。

然而，是不是扎起丸子头，就能像高圆圆那样俏丽呢？答案当然是否定的。

有的女孩上庭短，扎了丸子头让自己高耸的额头显露无遗；有

Chapter Two
第二章 /
请把自己的优点放大，再放大

的女孩脸形外扩，丸子头只能让她的大脸更加突出，实在是有胖十斤的功效。

女孩都有爱慕美丽的天性，看见别人的衣着、妆容或者发型好看，就会不由自主地模仿，想着自己或许也可以有类似的效果。

明星、网红、班花级人物往往是大家学习的标杆，一旦她们有了新的尝试，就会有很多女孩忙不迭地效仿。

然而，事实又是如何呢？多数明星是天生的衣服架子，穿着露肩连衣裙显出性感的锁骨自然是艳丽可人，但是很多人却忽略了自己宽厚的肩膀，穿上这样的连衣裙只会显得身材愈加壮硕。

纤细的锁骨链让刘诗诗分外优雅迷人，可是没有刘诗诗那样挺拔的体态与修长的脖颈，强行跟风，强行模仿，只会显得自己脖子粗壮，缩头缩脑。

其实，无意义的模仿只能被潮流抛弃，真正适合自己的风格才能永存。

网络上，每天都会上演各种各样的模仿秀。初时，也许会让许多网友慕名前来观赏、评论。但是热度过去之后，人气便如退潮的海水，转眼就消失得无影无踪。人们很快便会忘记那个很会模仿周杰伦的男孩，却不会忘记周杰伦及那些隽永经典的歌曲。

曾几何时，我也曾经进入这样一个怪圈。我曾有位上司是一个南方女子，有着江南女孩一切的优点与特征。温柔如水，笑容甜蜜，身形娇媚。她喜欢穿真丝面料的衣衫，在她瘦削而轻盈的外形下，那些衣服与她整个人相得益彰。我常常暗自钦羡。发了第一笔年终奖之后，便迫不及待地跑到商场里的真丝专柜挑选衣物。头脑

女人，就是要活出自己

兴奋的我，忽略了自己的身材，那些轻盈的真丝面料只会让我的缺点显露无遗。

在明亮的灯光下，看着试衣镜中不伦不类的自己，我才明白：千万不要做他人的模仿秀，每个人都有自己独一无二的美。

无论是衣着、妆容、事业还是生活，若是你立志成为有思想、有主张的女人，那么就不要盲目追随他人，你需要开创属于自己的道路与风格。

我最喜爱的华裔婚纱设计师王薇薇（Vero Wang），是好莱坞名利场女星都想要结交的高级设计师。圈里有句话是这么说的："每个女孩都希望穿上Vero Wang设计的婚纱，走进婚姻的殿堂。"可以看出，这位杰出的设计师对女性的影响力是多么大。

曾经做过服装编辑的王薇薇，比任何人都明白时装的潮流与风向。刚刚踏上设计道路的她受阻不断，许多人还是会选择欧洲或者美国本上的婚纱品牌。

当时上流社会最流行的婚纱品牌是来自黎巴嫩的Zuhair Murad，那是典型的巴洛克风格的奢侈礼服。它的设计是以奢华的蕾丝和珠宝来点缀的，亮眼瞩目，十分受上流社会及明星的喜爱。

当举步维艰的王薇薇面临窘境时，有不少人劝她，何必执着于自己的风格呢，直接模仿那些欧洲著名品牌风格不是更好吗。而且有许多中产阶级，也希望穿上奢靡华丽的婚纱，只是苦于其价位太高。模仿那些婚纱，她肯定能拓展自己的市场。

而且现实中，已经有人这么做了，有人模仿独特花纹的雪纺，有人模仿飘逸的银丝流苏，有人模仿精美复杂的刺绣。不同的品位

Chapter Two
第二章 /
请把自己的优点放大,再放大

有不同的市场,模仿者的路比王薇薇的原创之路更加顺畅。

但是,王薇薇无比坚定,她设计的婚纱与众不同,抛弃了厚重繁复的流苏与裙摆,设计简约,线条流畅,没有任何夸张的点缀物,以轻纱、薄纱为主,凸显新娘娇俏完美的身材。布料的特性、平滑的裙身、立体的剪裁是王薇薇独树一帜的设计风格。

如今的王薇薇早已成为美国名副其实的高级设计师,她的婚纱在时尚界掀起了一阵革命,深受名人喜爱。

耳边那些曾经喧嚣的劝诫声早已烟消云散。模仿奢靡的巴洛克风格,走中低端的成衣定制,皆是重复他人的老路,而王薇薇坚定地走出了自己的路。正是因为她没有盲目地模仿他人,才成就了今日的"婚纱女王"。

成为一名精致的女子,成为一名独一无二的、有自己风格的女子,与年龄无关,与他人无关,只关乎自己的本心,走自己想要走的道路。

女人，就是要活出自己

 美丽私房话

冬天冷得缩手缩脚吗？为什么不跟着视频跳一跳操、练一练瑜伽？即使在办公室，午休时也可以抬抬手臂、踢踢腿。生命在于运动，跳起来，快乐地出汗，感受体内热量的燃烧，还用发愁你没有好气色吗？

还有一些日常应该做到的，比如不熬夜，睡足八个小时。饮食上做到营养均衡，多喝滋补的靓汤，多吃富含维生素C的水果。

冬天并不可怕，可怕的是你因为天冷而放纵了自己的懒散。天生丽质的人毕竟是少数，那些让你羡慕的漂亮姑娘，都是有自制力的。所以，从此刻开始，对自己要求严格一些，护肤、美容、运动，一个都不能少。

Chapter Three
第三章

穿对了，才知道自己有多美

绝不要去试着模仿任何人，绝不要成为一个模仿者。那等于自杀，那样你就永远不能享受，你将永远成为一个副本，你将永远不能成为原创。

我们立志在这个世界上有所成就，不管其大小，必定是开创性的成就。

既然别人已经有人做了，那么我们就做自己吧！

Chapter Three
第三章 /
穿对了，才知道自己有多美

第一节　潮流瞬息万变，风格经典永存

> 真正美丽的姑娘应当这样：卸下粉黛，她的脸依然干净，身材胖瘦相宜，衣着得体，说话轻言细语，坐立行走都是一道清爽的风景。

仔细观察，你会发现，那些真正让人赏心悦目的姑娘一定不只是脸好看。她黑发遮掩下的脖子总是和她的脸一样白净；她的鞋子和她的袖口看上去都是整洁清爽的；她的穿着也总能搭配得宛若天成；甚至，佩戴一个简单的锁骨链也会让人感觉惊艳。

这样的姑娘也许外貌不是最好的，但却有着自己的风格，让自己神清气爽，也让别人眼前一亮。

贾兰是我在一个插花沙龙中认识的姑娘，她最近总是抱怨没有

女人，就是要活出自己

衣服穿，每天上班都发愁不知道穿什么服装好。面对她的怨言，我不禁惊奇，她总是走在潮流最前沿，如今怎么说出这样的话？

无奈的贾兰向我解释道，去年夏天网上掀起一阵嘻哈潮流，喜欢潮流的贾兰自然紧跟，于是她给自己的衣柜来个大换血，买了一大堆嘻哈风的宽松服饰。

颜色黯淡的棒球帽，宽松炫酷的连帽衫，上面胶印着各色各样的英文字母，还有形状各异的大牌墨镜，贾兰都装备齐全。嘻哈味十足的她走在路上曾吸引了不少人的目光。

但是，嘻哈风潮渐渐褪去，再看镜子里的她，纤细曼妙的身材完全隐藏在宽松的卫衣帽衫中，整个人看起来臃肿没有精神。黑色的棒球帽显得她的脸更加圆润，长长的帽舌遮住了她本来精致的五官。

她失落地发现，当道路两排的店面不再播放 RAP 音乐时，穿着连帽衫的她在五光十色的街头显得有些格格不入。

一天天，一年年，潮流的风向标总是跟随着时代的印记，不停地变幻着。然而，亘古不变的却是风格，真正的风格在岁月的冲刷下，不但没有过时，反而随着时间的淬炼历久弥坚，如同久置的陈酒一般，幽香四溢。

古驰品牌的包包和香水已经成为中产知识女性的最爱，路易威登标志性的四叶花卉印花早已成为气场的名牌，香奈儿的双 C 符号是时尚界有名气的图腾，它们都意味着隽永、典雅。

每年的巴黎时装周都是一番喧嚣，有很多明星前往，但是细心观察会发现，每个前往参加时装周的明星都是极力结交巴宝莉、路

Chapter Three
第三章
穿对了，才知道自己有多美

易威登这些大品牌，老佛爷拉格斐在世时，明星争相与之合影，以凸显自己的时尚地位。

她们比普通人更加清楚这些品牌的价值，任潮流如何变化，这些品牌风格永存，在时尚界有着难以撼动的地位。

一味地追求潮流，很有可能如同贾兰那样，逐渐失去自我。潮流来得迅速，退得也是让人措手不及。与其苦苦追寻，跟在身后亦步亦趋，不如淡然笃定，独树一帜，创造属于自己的风格。

真正有品位的姑娘，永远明白自己适合的与自己需要的。她们并不是固守陈规不购买新款，也不是一叶障目无视潮流的变化，而是拥有一双明亮的双眼，能从五光十色的潮流款式中找出那些适合自己的。

蒂塔·万提斯，"世界第一脱衣舞娘"，曾让总统和众多明星为之倾倒。她并不贩卖任何色情，而是以魅惑的妆容和性感的躯体制造美丽的梦境。

鲜艳的红唇，乌黑的卷翘短发，湛蓝色的眼瞳，黑色猫眼妆，再穿上紧身合体的胸衣，这是她不变的标志。风情与优雅，她拿捏得恰到好处。她的一颦一笑，她的回眸，都如此迷人，让人难以忘怀。

纵使时尚潮流不断变幻，但是她依旧坚守自己魅惑的风范，如今她成为比肩著名影星的舞娘。比起那些转瞬即逝的流行元素，她的红唇与卷发似乎更加永恒。

同样，公司的女孩年轻靓丽，每天这些年轻而俏皮的面孔都在我面前不断地闪过。但是，只有那些衣着妆容贴切的女孩，才能让

女人，就是要活出自己

我记忆深刻。

  去年流行嘻哈风，宽松的卫衣、压低的棒球帽；今年流行棉麻风，褐色的棉麻质地连衣裙、绣着海棠花的衬衫。明年又将流行什么，你我都一无所知。

  港剧《风云变》中，温碧霞饰演的女主角穿着一件褐色的大衣和男主角走在空旷的马路上。即使已经过去十多年，再看温碧霞身上那件简约范儿的羊毛大衣，依旧觉得优雅清丽，完全没有过时的感觉。

  这就是永恒而优雅的风格，即使岁月变迁，却依旧迷人。

  所以，亲爱的姑娘们，当我们走进商场，看见那一排排眼花缭乱、五颜六色的衣物时，我们要不停地询问自己：是否适合？是否需要？是否喜欢？

  一件质地上乘、剪裁精良的大衣穿很多年都不会过时，一直都会让你在人群之中气质出尘。而那些花里胡哨的裙子、外套，穿了几次之后，你就会失落地发现它们的平庸。

  一以贯之的风格，适合自己的风范，这是我们在追求变美的路上一直要寻找与探索的。看着穿衣镜中那个气质出众、优雅迷人的自己，你会感谢自己没有在茫茫的时尚潮流之中迷失自我。

Chapter Three
第三章 /
穿对了,才知道自己有多美

第二节 服装色彩搭配的法则

从头到脚审视自己的穿着、鞋履,对着穿衣镜好好看看自己,服装颜色的搭配是否协调,目及之处是否令人愉悦。

娱乐圈的华鼎奖历来热闹喧嚣,明星们的红毯造型是媒体关注的焦点。当明星穿着华丽精致的礼服在众多粉丝的热切目光中,踏上漫长的红地毯时,总能引得四周一阵阵尖叫。明星们一个个亮相,闪光灯则对着精心装扮的明星一阵疯狂拍照,以博得第二天的新闻头条。

如果造型选择不当,不仅拉低颜值,还会被媒体写成"红毯失败""红毯灾难"登上许多媒体网站的头条,这是明星们最不愿意看到的新闻标题。

比如蒋欣,塑造过高傲气盛的华妃娘娘、温婉脱俗的木婉清,还有住在欢乐颂里的樊胜美等经典形象。但就是这样一个脸若银盘、五官精致的大美女,在错误的服装搭配下,也让美丽大打折扣。这给所有人一个警告,若是穿错了衣服,那么从一开始就意味着失败。而在服装搭配中,色彩搭配尤其重要。

服装色彩搭配要讲究一定的原理和技巧,若是盲目地胡乱堆砌,身上如同打翻了调色盘一般,那么整体效果便是不伦不类。

首先,我们要明确的是,全身上下最好不要超过三种颜色。初学时尚搭配的女孩最容易犯的错误便是胡乱搭配,总觉得这个颜色靓丽、那个颜色厚重,不加思索地全穿在身上,出来的效果便如同调色盘一般,让人眼花缭乱,分不清主次。

其次,我们要分清不同颜色的色调。暖色调有红色、橙色、黄色、粉色,冷色调有青色、蓝色、紫色、绿色、咖啡色,中间色就是黑色、白色、灰色。

服装搭配最重要的原则就是将相同系列的冷暖色调搭配在一起,切莫混搭。一般,冷色搭配暖色,亮色搭配亮色,暗色搭配暗色。只要掌握铁律一样的原则,你的第一步就成功了。

每个人的肤色不相同,有的人肤色暗沉无神采,有的人肤色白里透红,有的人肤色偏黄气色差。我们要根据自己的肤色,挑选最适合的颜色来衬托自己,力求隐藏自己的缺点,放大自己的优点。

肤色较深的人应该避免穿着亮色调,否则只会让本来黯淡的皮肤更加没有光泽。你可以选择茶褐色系,亦可选择黑色及青色等其

Chapter Three
第三章
穿对了，才知道自己有多美

他冷色调为补充色，这会让你看起来更加高雅。

皮肤白皙细腻的女孩，应该牢牢抓住自己的优点，穿着靓丽的暖色调衣服，会显得你整个人神采奕奕，能成为人群之中最亮眼的一个人。

我邻居家的女儿自幼肤色偏黄，但是双眼水灵活泼，惹人喜爱。长大之后，不管她用多少美白面膜、多少美白精华，可黄色皮肤依旧岿然不变，"暗黄"如初。很长一段时间，小姑娘都陷入自卑与惶惑中，看到周围白皙靓丽的同龄人，她总是投去羡慕的眼神。

有一天，我见到她时，感觉眼前一亮。虽然目之所及处没有很大的变化，但是整个人看上去却是格外协调、令人舒适。

原来小姑娘咨询了自己做服装设计师的表姐，向表姐学习了很多相关知识，如今是深谙颜色搭配的高手。她接纳自己肤色暗黄的事实，在买衣服时，尽量选择色彩浓郁、有光泽感的颜色。

如今的她，搭配衣服以及选择颜色得心应手。她钟爱蓝色调、白色调、褐色调的衣服，感觉这些色调的衣服会把整个人衬托得更加舒服和柔和。而黄色调、杏色调、绿色调的衣服绝不触碰，她明白那些色调的衣服只会让她更加灰头土脸。柔软细腻的白色上衣，搭配红色格子的半裙，让她看上去气质卓然，全身富有层次感和色彩感。

服装颜色搭配是一门深奥而有趣的学问，绝不是靠着仅仅几千字的文章可以赘述的，但是我们可以从今天开始练习。比如，选择上身穿着深色系，下身穿着浅色系，这样的搭配端庄、大方、娴静、肃然；也可以根据全身服饰，选择亮眼的包来进行搭配，当你穿着得体优雅职业装的时候，搭配暗蓝色的女包，会显得你活泼、明快、自信。

还有一些原则应该注意，比如穿衣要看场合与职位，一个人的服装颜色必须与周围环境及气氛相协调，这样才会不突兀。正规会议或业务谈判时，服装以大气、素雅为主，既显得能干、不失稳重，又与周围环境和气氛相适应。外出旅行、野外活动时，服装的颜色应鲜艳一点，款式以轻盈宽松为主，便于行走，拍照也更上镜。大家可以看看朋友圈，那些会拍照的姑娘，衣服多半是色彩鲜艳又宽松的。

电视剧《我的前半生》中，袁泉饰演的女高管唐晶给我们上了一堂颜色搭配课程。黑色飘逸面料的长款西装，搭配质感高级的灰色毛衣；靛青色的羊毛大衣，搭配白色衬衫。作为年薪百万的高级金领，三十五岁的成功女性，唐晶深爱黑、白、灰这几个色调。

在她巧妙的搭配下，这三个本来看似枯燥的颜色也无比亮眼，整体和谐舒适，让观众无法不钦佩。许多时尚杂志特地开了专栏来分析电视剧中唐晶的服饰搭配案例，引得网友争相讨论。

这无疑是告诉如同你我一般平凡普通的女孩，只要你掌握了服装颜色搭配的法则，你便在变美的路上领先了众人一大步。

Chapter Three
第三章 /
穿对了，才知道自己有多美

 第三节 每一个人都有自己的穿衣密码

> 每一个人都携带着属于自己的穿衣密码，只要将这些信息解读出来，一切关于穿衣搭配的疑问和难题都可以迎刃而解。

实践出真知，无数案例证明，穿衣打扮影响着你做事的能力以及情绪，这种现象叫作"衣着认知"。

比如我自己，身高只有一米五七，但是大家会觉得我比例挺好，穿衣服也漂亮。因为我属于暖色调皮肤，为了让自己看起来气色好，我通常会选择比较饱满的色彩，一年四季都是橘黄、大红、果绿、浅灰、明黄色调为主，选择各种改良国风唐装旗袍，逐渐形成我自己的穿衣特色，以至于我去参加活动时，只要看到我的背

女人，就是要活出自己

影，大家就会喊"曾老师"。

但是因为衣服的色彩已经足够张扬，所以我基本不佩戴首饰，面部妆容也以干净清爽为主，主要突出底妆的白净、气质的清新。

大家也可以尝试用不同的衣着来塑造自我形象。工作时，和闺密逛街时，和男友约会时，你穿什么？你的搭配其实是内心最好的写照，当你发现这一点时，一定会更愿意去尝试各种穿衣搭配的方法。而发现属于自己的穿衣规律后，你才会知道穿对了服装的自己有多美！

我的工作室最近新来了一个实习助理小张，面容干净温婉，留着齐肩短发。她的唇角总是挂着娴静的微笑，很受其他同事喜欢。

不仅如此，小张穿衣也舒适得体。不管是办公室风格，还是私底下的穿衣打扮，所有的衣服看上去都衬托着她的温柔气质。

刚开始看的时候，似乎没有任何惊艳之感，只觉得柔和静雅，但却是越看越有说不出的意味，细碎的阳光透过澄澈的玻璃窗照在她的身上，让人无法忽视。

有一次公司员工体检，量身高时，我正好站在小张的后面，医生报出"身高154厘米"的时候，我不禁瞠目结舌。因为我一直以为小张和我差不多高，她平常和我一样穿着高跟鞋，目测鞋跟3~5厘米而已，但她看起来似乎有一米六的身高。看见我满脸惊诧的神色，小张掩嘴轻笑，之后她向我透露了她的穿衣秘诀。

原来小张自知身材矮小，比例也不够匀称，但自己胸小，正好适合穿高腰衣裙来"提高腰线"，她便牢牢掌握了这条穿衣秘诀。平时，她尽量选择穿高腰的裤子或者连衣裙，从来都不触碰那些显

Chapter Three
第三章 /
穿对了，才知道自己有多美

得身材五五分的半身裙。

若是衣服宽松，她便会自己搭配一条腰带，以此达到提高腰线的目的。这样，本来并不颀长的身体，在她的巧手之下，明显地拉长了比例，整个人视觉上高了至少五厘米，心思实在灵巧。

听到小张的穿衣秘诀之后，我不禁对眼前这位娇小的姑娘叹服。她在二十多岁的年龄就能够明白自己的优缺点，并且能有的放矢地通过各种方法藏拙，这样的女孩何愁不让人喜爱呢？

每当换季的时候，很多人心中满是惆怅，会忽然觉得自己没有衣服穿，抑或是看着沉闷的衣橱不知该怎么穿才好。

如今的我已经有很多年穿衣的经验，才逐渐找到适合自己的穿衣搭配规则。

一处败笔会毁掉一篇文章，一丝瑕疵会让美玉失去光彩，我们在穿衣打扮的时候，要注重细节，臻于完善，这样才能结合实际，找到属于自己的穿衣密码。

我不喜欢首饰，正如前面所说，我会选择一些亮眼的改良旗袍来突出自己的气质，出席重要活动时会以丝巾、包包等小装饰物打造自己的亮点。这样巧妙的搭配，给本来波澜不惊的生活增加了不少乐趣，因为饱和色彩会带给人以视觉上的惊喜感。

我手臂有点儿粗，所以我会尽量避免穿无袖连衣裙或背心款式的衣裙，避免将手臂示于众人的眼前。天气转凉，我会在改良旗袍外套一件质地柔软的线衫毛衣，基础款的线衫毛衣简直是各种衣服的百搭神器，既可以遮住我的手臂，又能让整个人的气质温婉可人。

在长期的服装搭配中，我发现色彩是比款式更重要的因素，因为人们第一眼看到的总是最惊艳的色彩，这也是影视作品中拍美女时喜欢以红色、宝蓝色为主题色的原因。

当然，并不是每个人都适合饱和度高的彩色，所以黑色、白色、灰色这几个颜色因易搭配，被称为永恒的搭配色，也被誉为质感色。无论多么烦琐的色彩搭配，只要把它们加入其中，就能起到很好的调节效果。无论什么样的色彩组合，它们都能融入其中。

与其他色彩浓郁的古装剧不同，《延禧攻略》里面的主角服装都恪守严格的搭配法则，放眼过去皆是精致耐看的青灰色、靛青色等偏冷色调。这无疑是告诉大家一个黄金色彩的搭配方法，也就是摒弃过于亮眼鲜艳的颜色，不同明暗的搭配也可以营造和谐、有层次的韵律感。

我们不仅仅要对服装的色彩搭配上心，更要对衣着的细节吹毛求疵。穿白色衬衫的时候注意内衣的颜色，穿紧身衣的时候切记要穿光面文胸，选择衬裙的时候应该选择与裙子相同的色系。

基于每个人的喜爱和偏好，选择各有不一，穿衣搭配也不尽相同。但是殊途同归的一点便是，所有的穿衣搭配无非是让我们看起来美丽自信、赏心悦目。

简约而有格调，一直是我信奉的穿衣理念。因为我明白，再浓郁艳丽的色彩，再时尚新潮的衣装终将被人遗忘，唯有那些经典永恒的服装才能得以永存。

每一位女孩都是独一无二的个体，被上天赋予了许多不同而美好的特质。俗语有言："三分靠长相，七分靠打扮。"上天给予每个人的都是有限的，我们都是在相同的底稿上增添属于自己的色彩。

Chapter Three
第三章 /
穿对了,才知道自己有多美

基于自己的特质,利用各种时尚单品,加上别具匠心的巧妙搭配,每个人都可以打扮成自己喜欢的样子。

你知道自己的血型,知道自己的鞋码,知道自己的腰围,但是你是否知道自己的衣型呢?在你解开自己的穿衣密码之后,便如同拥有了灵魂的画家,提笔之前对基调和风格早已胸有成竹,接下来要做的仅仅是把更美丽的你呈现出来。

第四节 脸形和衣服也要扬长避短

"唇不点而红,眉不画而翠,脸若银盆,眼如水杏",这是曹雪芹对薛宝钗的描述。从曹公丹青妙笔的描写中,我们可以看出世人对女性面容的在意。

与人初见,我们首先注意的便是对方的面容与衣着。精致秀丽的面庞,清新高雅的衣着会让他人如沐春风,备感舒适。

每个人生来脸形不同,不同脸形有不同的美感,各有风姿。有曲线分明、柔和有弧度的鹅蛋脸,完美的鹅蛋脸总是给人温柔婉约之感。女神秦岚、佟丽娅就是典型的鹅蛋脸,这种脸形适合各种发型。

还有可爱俏皮的圆脸,圆乎乎的脸庞看上去减龄且没有心机,

Chapter Three
第三章
穿对了，才知道自己有多美

具有天生的亲和力。著名女星赵丽颖拥有的一副娇小可人的圆脸，让观众产生无距离的亲切感，成为许多大热电视剧的女主角。

而硬朗机敏的尖脸则给人以妩媚的视觉冲击。号称"台湾第一美女"的林志玲便是典型的尖脸，这样的脸形更加突出她的五官，魅惑十足。

周冬雨，她的脸形上宽下窄，下巴尖锐，双眼不大。当她了解自己的脸形特点后，穿衣的时候尽量露出修长的颈部，从而显得脸更加娇小。笔直修长的双腿是她的优点，所以她经常穿着热裤或者短裙，拉高身材比例，让关注点都聚集在自己的美腿上。

找到了最佳穿衣方式的周冬雨，在鬼马精灵、俏皮靓丽等模式中来去自如地切换，不少时尚公众号都会分析她的穿着，给身材矮小、巴掌脸的女孩以借鉴。

不同脸形搭配不同的服装，总是能演示出不同的效果与气质。有很多女孩发现，有时穿在他人身上格外显眼的V领连衣裙，穿在自己身上却毫无感觉。而自己穿起来得心应手的衬衫，闺密试穿的时候却显得苍老十岁，看上去很别扭。

这些都告诉我们，在选择穿衣风格的时候，一定要根据自己的脸形、肤色来抉择。不同的脸形各有特色、各有风情，若是圆脸的女孩穿着性感的抹胸外套，把自己肉乎乎的脸显露无遗，只会让人感觉怪异。

鹅蛋脸形五官柔和，尽量不要选择过于硬朗僵直的剪裁，线条柔顺的衣服更能衬托出五官的气质。过于硬朗的服装，例如工装风、机车外套、中性风的牛仔外套，也不适合柔和的鹅蛋脸姑娘,她们最好选择自然、清新、简约的服饰。

圆脸的姑娘给人天真活泼的感觉,若想要营造出成熟气质,便要靠刘海和衣装来进行装饰。圆脸姑娘们要远离圆领口剪裁的衣物,也不宜穿高领毛衣或者是戴帽子的衣物,否则只会把自己双颊的肉衬托出来,有"胖十斤"的效果。

尖脸女孩看上去很骨感,但若没有处理好衣服和发型,便容易给人以尖酸刻薄之感。脸形过于尖锐而狭长,就需要把两鬓变得蓬松,加宽前额的宽度,然后再选择衣服,便没有过多限制了。

脸形与服装的搭配有许多奥秘,需要我们仔细品读与探究。每个人的五官比例不同,因此搭配法则不能生搬硬套。验证自己搭配成功与否最好的办法,便是站在穿衣镜前仔细地观察自己,若是看上去舒服、自然,那便是成功的搭配。

我的儿时玩伴是个脸圆嘟嘟的女孩,微笑起来双眼如同月牙一般,有迷人的弧度,让人感觉亲切。然而,随着年纪的增长,如今已是轻熟女的她是不能再走可爱卖萌路线,所以有段时间她格外苦恼。

前不久我再看见她的时候,不由得眼前一亮,她似乎脱胎换骨了,整个人散发出来的干净利爽,引得不少路人纷纷瞩目。

细看之下,才发现她确实动了不少心思,很多小细节都做得非常巧妙。她狠下心抛弃了万年不变的长发齐刘海,选择了洒脱帅气的短发,留着恰到好处的斜刘海,用头发把她两侧圆润的双颊包裹进去,五官的成熟气息立刻突显出来。

V领上衣又起到拉长脸形的功效,配上墨绿色紧身鱼尾裙和黑

Chapter Three
第三章
穿对了，才知道自己有多美

色高跟鞋，她完全蜕变成完美的职场精英。

我为她感到庆幸并自豪，她已经从曾经的圆脸天真女生变成散发着成熟清丽气息的女人，"美丽"这个词在她身上被赋予了全新的含义。

此刻的你，还不马上拿起手边的镜子，对着镜子里的自己细细查看，找出自己脸形的优势和缺点，想象着自己究竟适合哪一类的衣服和发型。

我相信，你一定可以找到完美衬托自己脸形的穿衣风格。那么，亲爱的你就比同龄女孩们在变美的道路上又领先了一大步。

女人，就是要活出自己

第五节　你必须拥有一双好鞋

> 我们要行万里路，看沿途千山万水的风景，没有一双舒适合脚的鞋是万万不行的。在能力范围内，请一定买质量好且合脚的鞋子。

　　与我合作的一个文化创意公司中，有个姑娘叫小陈，平时开朗嘴甜，是个充满青春活力的姑娘。但小陈这几天却闷闷不乐的，就连以往令她感到最快乐的下午茶时间也是兴致索然，常一个人坐在椅子上默默发呆。

　　在我的细问之下，她终于道出了缘由。原来前几天小陈的相亲对象约她吃饭、看电影，她一番盛装打扮出席。双方言谈甚欢，气氛融洽。但没有想到，在去电影院的路上，小陈高跟鞋的鞋跟竟然

Chapter Three
第三章 /
穿对了，才知道自己有多美

断掉了。

本来温馨和谐的相亲氛围，顿时陷入了尴尬的境地。小陈没了看电影的心情，便让对方送自己回家，后续自然也不了了之。

听到这里的时候，我真是哭笑不得。不知什么时候开始，女孩子对高跟鞋的追求只在于时尚流行、款式好看、颜色亮丽，却忽视了自己必须要有一双质量好的、合脚的鞋。

曾几何时，高跟鞋是女人的象征。细腻莹白的脚踝，弧度恰到好处的脚背，穿上了高跟鞋后，整个人立刻变得婀娜多姿起来。蔡健雅有首脍炙人口的流行歌《红色高跟鞋》，歌词是这样的："像手腕上散发的香水味，像爱不释手的红色高跟鞋。"而我们，是不是都有那么一双爱不释手的高跟鞋呢？

高跟鞋有很多种，有细跟鞋、坡跟鞋、粗跟鞋。至于材质就更多了，有布、牛皮、猪皮、羊皮等等。从功能来看，还分凉鞋、单鞋、短靴、长靴。可以说，女人最离不开的几个物品中一定会有高跟鞋。

由此可见，女人对于高跟鞋的喜爱，这种喜爱可以说是从骨子里的欢喜。

逛街的时候，面对琳琅满目的各色各样的高跟鞋，我们往往会挑花了眼，想着自己穿着美丽的高跟鞋，踏着自信的步伐，走在人来人往的街上，引得路人纷纷回头，真是恨不得把所有的高跟鞋都买回家。

每期时尚杂志都会预告下一季高跟鞋的潮流款式、流行色彩，但是却很少告诉我们，无论如何，我们都必须拥有一双质量好的、

女人，就是要活出自己

合脚的高跟鞋。

买得多不如买得精，这是很古朴的购买道理。但是很多女孩子却早已将其抛在脑后，只追求当季新品，却很少关注这双鞋是否适合自己，是不是能随时得体地搭配衣服，是不是脚感舒服，行走自如。

刚参加工作时，我每天都穿着自己那双黑色的松糕鞋去上班，全然不顾这双笨拙厚重的鞋子是否与着装搭配。

第一次跟经理出差，结束所有的工作之后，我陪着她去商场购物。当年的经理是公司唯一的女高管，行事雷厉风行，业务能力极强，我特别希望自己也能成为她那样干练的职业女性。

也许是早已对我的鞋履品位担忧，经理强烈建议我购买一双高跟鞋。在她的鼓励下，我试了其中一双米色细跟尖头的高跟鞋。因为脚背厚的原因，我穿很多鞋子都会感觉挤脚，但这双鞋非常合脚，我本来宽厚的脚掌在绵羊皮的鞋内舒适无比，行走起来也十分轻松。

纵使这双鞋有四位数的价格，但是冲着舒适的脚感及漂亮的款式，我还是咬咬牙买下了。可想而知，当时的我，抱着钱包心疼半天。

"你早晚会知道，这一千多元钱花得格外值。"看着面露不舍的我，经理说了这句话。

从此以后，那双米色尖头高跟鞋陪伴我参加了多次的重要会议、约会场合、亲朋聚会。而它也见证了我工作和生活中的每个重要的、值得铭记的时刻，第一次升职加薪、第一次参加宴席酒会、

Chapter Three
第三章 /
穿对了，才知道自己有多美

第一次和心爱的人一起去看电影。

虽然淡淡的颜色毫不起眼，但它却与所有的衣服都搭配得很好，既可以搭配包臀裙出席正式场合，又可以搭配连衣裙与男朋友约会。

每当看着纷繁的鞋柜毫无头绪的时候，我就知道选择这双鞋肯定不会出错。它总是能恰到好处地展现自己的百搭特性，不起眼却也不可或缺。

时至今日，我仍感谢当初带我到商场购买了那双鞋的女经理。当那双米色高跟鞋因为穿着频繁已经渐渐破旧后，我毫不犹豫地为自己添置了另外一双质量上乘且合脚的高跟鞋。

世人生来便孤独，生活、职场、爱情从某些角度来说都如同战场。有的人中途退缩，有的人原地踏步，有的人昂首向前，世间百态，各有不同。穿上精心为自己挑选的合脚的鞋子后，你就能找到根植于内心最深处的安全感。

从此，你我便能无所畏惧地向前奔去。

女人，就是要活出自己

第六节　丝巾是奥黛丽·赫本的，也是你的

> 丝巾这个时髦单品非但没有过时，反而有越来越时尚之感。沉闷厚重的冬季，需要丝巾点缀靓丽的色彩；缤纷喧嚣的夏日，亦需要丝巾来释放热情。

即使已经过去了半个多世纪，即使曾经的影片是枯燥的黑白色，即使如今关于美丽的定义已经复杂繁多，可奥黛丽·赫本却仍是世人心中一个亘古不变的美丽印记。

她是如同麋鹿一般灵动的少女，犹记得她在《罗马假日》中那俏皮清丽的模样，穿着白色的衬衫，脖子上斜系着丝巾的她宛如精灵一般在罗马城中穿梭。

如今，奥黛丽·赫本早已成了优雅秀丽的代名词，丝巾从某种

Chapter Three
第三章 /
穿对了，才知道自己有多美

意义来说也成了她的标志符号。她掀起来的丝巾风潮，影响了一批又一批时尚潮流之中的女性。就在今天，我们在大街上还经常可以看见系着丝巾、面容精致的女孩。

"戴上丝巾后，我从没有那样明确地感受到我是一个女人，美丽的女人。"

"我只有一件衬衫、一条裙子、一顶贝雷帽、一双鞋，但是有十四条丝巾。"

这是赫本对丝巾喜爱之情的描述，她带领了丝巾风潮，同时丝巾也成就了她的时尚地位。

若是你早就可以熟练地运用丝巾这个经典的搭配圣品，那么在服装搭配的这条路上，你就有资格成为许多人的导师。

丝巾如同姑娘们的缪斯女神，是衣柜之中最便携的珍宝。它可以围在脖子上点缀服装，也可以成为头巾，为发髻增添亮点，还可以系在包上作为装饰品。只要你用心去发现，你就会明白为何赫本如此钟情于这个搭配单品。

上个周末，我代表项目合作公司去北京参加一个项目讨论会。在这种极其正式且保密的商务场合，在气氛有些压抑的会议室中，众人都穿着简约的西装，神情严肃。

但是在现场，很多人不由自主地被一个女孩吸引。她穿着白色真丝衬衫、墨绿色的包臀裙，衣领处系着一条红色波点丝巾。有一种低调的法式风情，特别引人注目。

亮眼的波点丝巾打着精巧的小结系在她修长的脖颈下，随着她快速的小碎步偶尔飘动。此刻，庄重而成熟的她却散发着与常

女人，就是要活出自己

人不同的俏皮靓丽，在一片冷淡色彩之中，红色波点丝巾如此亮眼瞩目。

事后，我和伙伴说起那次会议，提起这位丝巾女孩仍然印象深刻。论颜值、论身材，丝巾女孩都算普通，但她却是靠着出其不意的搭配和设计，提升了品位，成功地让自己大放光彩。

之后，我也去商场采购了自己的第一条丝巾。在售货员的帮助下，我选中了一条白色方巾。她用丝巾给我打了一个三角前缀。本来张扬的果绿色旗袍，在一条白色方巾的点缀之下，顿时温柔许多，一种让人亲近的气场油然而生。

聪明的姑娘总是能很好地利用丝巾，一条色彩鲜明的丝巾能给你带来精致的细节感，本来简单自然的服装搭配丝巾，就有了丰富的层次感。无论是职场装，抑或是休闲装，一条轻薄亮眼的丝巾都会让你显得卓然不同。

爱马仕、巴宝莉、路易威登每年都会出品经典花纹的丝巾，作为时尚界中的蓝血品牌，他们比任何人都明白丝巾对于服装的作用和魅力。

去旅行的女孩，包里必不可少的是什么？答案便是一条靓丽的大丝巾。既可以作为服装的配饰，又可以系在头发上增加色彩，还可以披在身上拍照。

丝巾，逐渐进入了女孩们的视野之中，成为必不可少的百搭良品。若干年前，赫本给丝巾赋予了优雅的气质，那么今天，我们也可以给丝巾重新定义不一样的美丽。

在湖南卫视慢综艺《中餐厅》中，赵薇发间系着一条鹅黄色的

Chapter Three
第三章 /
穿对了，才知道自己有多美

丝巾，让年逾不惑的她显露出俏皮清丽之感。在和煦阳光的照射下，她发间的丝巾闪烁着柔和的光芒，恍惚之间，我们仿佛又看到那个灵气逼人的小燕子。

刘涛在《欢乐颂》中饰演的安迪是一名高级金领，在剧中她也很好地演示了丝巾的搭配方法。黑色套装潇洒利落，内搭白色雪纺衬衫，颈部白色飘逸的窄丝巾被系成蝴蝶结，为本来硬朗的安迪增添了难得的温柔娇俏。

我的一位朋友，极其喜欢用颜色图案各异的丝巾作为发巾点缀发型。本来发质粗糙厚重的她，难以选择便于打理的发型，但是自从她发现了丝巾的作用之后，百变造型变得得心应手。

蓬松的发丝在丝巾的掩饰下能很好地隐藏发质不佳的缺点。各种发髻配合着不同色彩图案的丝巾，打理起来既节省时间又可以最大限度地突出优势。本来皮肤白皙的她，在颜色艳丽的丝巾衬托下，显得光彩熠熠，浑身如同发散着光晕，灵气逼人。

在她的鼓舞之下，如今的我也变成了"丝巾狂魔"。每次到商场打折季的时候，我都要在琳琅满目的柜台中为自己挑选一条精致而靓丽的丝巾。

梦幻之中的那个女孩，迈着欢快的脚步奔跑在城中，和煦的微风吹着她颈间的丝巾，阵阵飘扬，那个女孩是赫本，似乎又是你和我。

女人，就是要活出自己

如果有一天你的服饰风格能完美诠释你内心的时尚，并让你舒服，那意味着你已经可以无视流行法则了。从20岁到50岁，我们审美的标准会随着眼界及阅历的变化而进步。当你足够自信，也懂得时尚时，举手投足间便能散发出属于你个人的魅力，这种"独特性"才是真正的个人风格。

服饰不是为了让你变成另外的模样，而是帮助你成为更得体的自己。你要很好地诠释是你穿衣服，而不是衣服穿你。你的穿戴都代表了你的心情、你的品位。亲爱的，穿对了，你才会知道自己有多美！

Chapter Four
第四章

自律的姑娘
才能管理好身材

所有看上去气质出挑、体态匀称的姑娘没有一个会放任自己的嘴巴大吃大喝,放任自己通宵达旦地熬夜。那些身材好、皮肤好的姑娘都是通过长久的自律让自己变得更漂亮。

Chapter Four
第四章 /
自律的姑娘才能管理好身材

第一节　美女都是狠角色

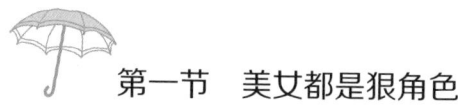

如果说化妆体现的是对别人的尊重，那么好的身材体现的是对自我的管理。不是说一定要多么瘦，而是要保持一个适合自己身高的体重，身形匀称适中，那才是最佳状态。

身为女性，每当在人群中看到身材匀称、气质出众的姑娘，我都会忍不住多看几眼。

因为我知道，这些姑娘在别人散漫的时候也会用功，早餐的营养、中餐的热量、晚餐的碳水化合物都计算得极其严格，并能坚持若干年。这些姑娘明白身材管理就是要对自己狠一点，如果对自己下不了狠手，那么赘肉就会对你下狠手。

女人，就是要活出自己

韩雪是个最好的例子。她在电视栏目《声临其境》里七十二变的声音和一口流利的外语，是她业余生活中花费时间最多的地方。韩雪说她一天只吃两餐饭，基本过午不食。多年来，在军人妈妈的影响下养成了习惯，利用碎片时间学英语、研究新鲜事物、锻炼身体。

网上流传着一句俏皮话："千万不要跟那些能减肥成功、戒烟成功的人做朋友，他们对自己都可以那么狠，还有什么事情做不出来。"虽然话语恶搞，但是话糙理不糙。你所看到的每一个身材好的姑娘，一定是跑过很长的路、流过很多的汗、扔过很多双走坏的鞋，才有如今的小蛮腰和紧致的好身材。

为什么一定要管理形体？因为我们的身体旧了不能换，皱了不能烫。人的一生中，衣服可以有几千套，钞票可以有千百万张，而好身材一辈子只有一副，只有锻炼好了，才有资本笑到老。

多少面容精致可人的女孩，多少事业有成的人士，多少著作等身的学者，我们往往都只看到他们外在呈现的华彩熠熠的一面，却忽视了他们背后付出的艰辛与努力。

台湾天后蔡依林，初入繁华锦绣的演艺圈算是资质平平的。矮小的身材，并不完美的五官，让这个瘦削的小个子女生看上去没有成功的潜质，蔡依林曾因此自封"地才"。然而她凭借对自己的狠劲，以常人难以承受的努力，达到了如今的地位。

她常年采用减肥食谱，以水煮青菜、低卡饼干、鸡胸肉为主。在接受媒体采访的时候，她坦言自己已经很多年没有碰过碳水化合物和甜食。看这段采访的时候，我不禁扪心自问，自己是否能这么多年坚持不碰任何碳水化合物和甜食？答案当然是否定

Chapter Four
第四章 / 自律的姑娘才能管理好身材

的。美食给人带来的幸福和愉悦感是难以替代的,蔡依林能摒弃自己对食物的欲望,常年吃着平淡无味的水煮青菜,就凭借着这股狠劲,她怎么可能不能成功呢。

美女都是狠角色,这是我看了这么多美女和明星分享自己变美及塑身秘诀的时候,由衷发出来的感慨。

翘挺的臀部、紧致的腰身、纤细的手臂、脉络分明的马甲线,想要达到这样的好身材,不是靠简单的节食减肥就可以做到的,更重要的是要常年泡在健身房,定期坚持有氧运动和无氧运动,只有这样才能真正拥有健康而美丽的身形。

大学时代,我们班的班花温婉清丽,盈盈动人,惹得整个年级不少男生蠢蠢欲动。和她一起走在路上的时候,常会看到迎面而来的女生对她投以或羡慕或嫉妒的眼光。美丽的人在人群中总是光彩照人,让人想忽视都难。

我和班花同住在一个寝室,作为她的室友,我比任何人都明白,为维持秀丽清透的外表,背后她付出多少艰辛的努力。晚上十点,她是寝室唯一坚持做仰卧起坐的人,也是寝室里唯一一个十一点前就睡觉的人。虽然我们都知道熬夜对皮肤损伤大,但是大家抗拒不了手机的诱惑,在暗黑的夜里常常玩到凌晨一两点。

清晨,我们尚在睡梦之中,班花已早早起床护肤。当我们睡眼惺忪、衣衫不整地下床准备刷牙洗脸的时候,班花已经晨跑回来并搭配好今日的衣服,捧着一摞书打算出门了。

垃圾食品浓郁而醇厚的味道能给人的味蕾带来剧烈冲击,同时也让我们摄入高热量、高碳水化合物。和班花逛街的时候,面对冰激凌、可乐、爆米花的诱惑,她总是远远走开。

对于她的自律,时至今日,我仍很佩服。钦佩她在自身条件优越的时候,还能保持坚定的执行力,面对眼前繁华纷扰的诱惑依旧能控制自己的心。这样一个自制力强的女孩何愁不能变美、不能成功呢。

班花同学也不是没有胖过,我目睹过她怀孕时从47.5千克胖到68千克。生完孩子之后,她体重一度增加到75千克。但作为一个有毅力的人,当孩子8个月断了母乳后,她便开始锻炼身体。

江西夏季是从5月持续到10月,整个夏季,班花都在坚持跑步。第一天开始跑步时,仅仅是从家旁边出发跑到最近的地铁站,不到3千米的路程,她用了20分钟还气喘吁吁。八月的南昌是火炉,是最热的时候,不动都能让全身大汗淋漓,更何况跑步!但班花硬是咬牙坚持了下来。

最初,她只是给自己规定跑步的路程:从家到地铁站往返,跑走结合,跑不动了就走,走一段再跑!慢慢地,跑得不那么喘了,她就开始规定时间,每天至少半小时。短短一个半月的时间,她就看到了自己明显的变化。

就这样跑了五个多月,跑步已经越来越轻松,她开始给自己规定跑步的里程,3000米、5000米,甚至周末和朋友一起跑马拉松。

她总结道,跑步不要在乎速度,不要在乎距离,只要跑了就是最好的!她一直和自己比、和最初开始跑步的自己比,看着自己现在光彩照人的模样,真是件愉悦的事情!

过了青春最美的25岁之后,变美、变好都是一条艰辛且孤独

Chapter Four
第四章 /
自律的姑娘才能管理好身材

的道路。在这条路上，没有人可以帮你，我们只有靠自身坚定的意志力来支撑。

所以，我坚信一个女人如果能够管理好自己的身材，有计划、有节制，那么生活上、事业上自然也都是胸有成竹，可以令人刮目相看的。

女人，就是要活出自己

第二节　要敢于有单身的想法

> 保持单身的想法，并不是让我们拒绝爱情、逃避爱情，而是提醒我们不管身处于何种爱情之中，都要保持自己独立的人格和独立的思想，不为情所困而失去了最初的本心。

为什么要有保持单身的想法？因为单身才会有动力让自己保持美丽，即使只是出门倒垃圾，也有转角遇到爱的可能。即使你已经为人妻或为人母，也要像单身时那样注重自己的形象。

如果女人一生只会对一样东西忠诚，那应该就是"美"。让自己永远地保持"美"吧！只有这样，你才能做到让自己无论在工作中还是家庭中，都有随时离开和重新开始的底气。

Chapter Four
第四章 /
自律的姑娘才能管理好身材

那些没有自我的姑娘,会把爱情、把自己的伴侣当作人生第一要事,一旦离开了所爱的人,便会神不守舍意难平。殊不知,这样的姑娘是"一叶障目不见泰山"。

被人称为"迅哥"的周迅,是一个敢爱敢恨、渴望爱情的姑娘。从她交往的男朋友窦鹏、朴树、李亚鹏,再到如今的丈夫高圣远,有叛逆疯狂的摇滚歌手,有淳朴内向的男演员,还有说着英文的华裔明星。

周迅是一个洒脱爽利的女人,每一段感情结束之后转身干脆,从不拖泥带水。当年她与李亚鹏分手之后,可以立刻把情伤抛于脑后,转身投入《如果爱》电影的拍摄之中。

她明白,爱情并不是生活的唯一,自己的品性、自己的事业才是生活的基底色。

在《如果爱》这部电影中,周迅的眼神深邃幽然,如同午夜精灵那般魅惑迷人。电影带给她的荣耀是爱情难以比拟的,那一年她凭借这部电影拿到了金马奖和金像奖,一时之间风光无二。

回想单身时候的自己,不需要担心因为男朋友的约会而影响工作,能顺利完成项目得到老板的好评并升职;也不需要费尽心思地想着情人节送什么礼物,可以在健身房中自由挥洒汗水,让自己变得更好。

我们要格外珍惜自己的单身时期,那时候我们能心无旁骛地提高自己,会因为对未来的不可预期而更宠爱自己。

有一天深夜,我接到一个许久未联系的朋友的电话。电话里,

女人，就是要活出自己

她的声音喑哑而低沉，原来恋爱三年的男友以性格不合为由提出分手，她觉得未来的路一片迷茫。

听完她的哭诉，我沉吟片刻后说起我对她的印象。刚进入公司的时候，她还是个单纯的小女孩，唇角永远挂着盈盈笑意，而且非常踏实好学。因为业务能力精湛引得老板青睐，打算年底把一个重要项目交给她做。

但是，自从她恋爱后，每天一到下班时间便立刻收拾东西逃之夭夭，平常上班还要跟男朋友聊着微信，就连上厕所的时候都要煲电话粥。

听罢我的叙述，她陷入沉默中。全身心投入的一段感情就这么烟消云散了，回望过去，她看到的是一地鸡毛、被荒废的时光。不知过了多久，电话那边才传来轻轻的叹息声。

之后，因为忙于手头工作，我便忘记了这件事情，直到有一天我看见她在朋友圈中发了一张照片。

照片里的她穿着轻薄的瑜伽服，正做着一个下腰动作。她晶莹的双瞳散发着怡然自若的光芒，皮肤光洁细腻，整个人都散发着不一般的气质。

"恢复单身之后，我才发现一个人的好处。我可以尽情地和闺蜜逛街，可以看喜欢的综艺节目，可以释放自己的喜怒哀乐。同时，我也能专心致志地工作，希望年底我可以当上主管，这样我的收入能增加一大半，到时候就能实现带爸妈出国旅游的愿望了。"这是她最近跟我说的话，让我感触颇深。

这个曾经"恋爱大过天"的姑娘，终于在一段艰辛的感情过

Chapter Four
第四章 /
自律的姑娘才能管理好身材

后，找到了自己。欢快活泼的嗓音透露着久违的自信，未来还有许多未完成的事等着她去做。说到底，一个姑娘，有独立的精神世界，有属于自己的生活圈子是很重要的，爱情是锦上添花的东西，自我的增值终归是来源于你的自律、你的爱好和你的工作。

女人,就是要活出自己

第三节　朋友圈健身第一名是这么做的

> 并非容颜易老,而是你流汗太少!健身过程中你流下的每一滴汗都是对抗衰老的子弹,你还将收获紧致的皮肤与曼妙的身姿。

2017年,一年一度的时尚盛宴"维多利亚的秘密"内衣发布会在上海召开,不少名人前往。明亮耀眼的舞台上,名模们迈着轻快的步伐走在闪光灯下,笑容优雅自信。镜头对着她们的身材,全身曲线流畅而自然,细腻的皮肤闪烁着光芒,让不少女性心生羡慕。

当晚,微博流传着一张照片,是那些名模们在健身房穿着运动文胸挥洒着汗水的模样。其中,我国名模刘雯正在教练的指导下训练上臂肌肉。

网络随即掀起了一阵健身热潮,毕竟谁都希望拥有名模那样诱人匀称的身材。乘着这股东风,淘宝上的健身器材销量大涨,许多女生下单的时候似乎都看到了自己瘦下来的样子。

但是该如何正确地健身?这是很多人没有考虑清楚的一个话题。

朋友圈中不缺健身达人,不管是刮风还是下雨,寒冬抑或酷暑,他们坚持健身打卡。在持之以恒的运动下,他们的皮肤更加紧致自然,由内而外透露着自然向上的气息。

踏上健身这条路之前,我们要先考虑自己的身体是否适合健身,是否有心脏或者骨骼方面的疾病,是否有长期的服药史,医生是否明令禁止你做激烈运动。只有身体允许,健身才能起到作用,反之则对身体有所伤害。

若是你身材臃肿、体脂率过高,那么对你来说,健身的首要目的便是减肥瘦身。若是你体重正常,那么健身的目标便是塑形增肌。

很多人与我一样,刚刚进入健身房的时候,看着那些器械眼花缭乱,新鲜感倍增,这边跑步机上跑一会儿,那边瑜伽课上学几个动作,而后又去动感单车室骑一会儿动感单车。在健身房待几个小时,但大部分时间都在拿手机拍照或看其他健身达人训练,一堂课下来汗水都没有出多少。这样健身,何来效果?

没有方法、没有计划的健身,你很难取得应该有的运动效果。长久达不到你想要的运动效果,你就容易放弃健身这条并不好走的路。

我曾经真诚地与朋友圈内的健身达人聊天,请教健身的秘诀和规律,她只说了一句话:"有氧运动加无氧运动。"

后来,看了那么多健身视频和文章之后,我才明白这句话的真谛。单调繁复的运动并不能完全达到你想要的运动效果,你要保持训练项目的多样性,有氧、力量、柔韧三方面的项目都要顾及。全面发展,才能提高全身体能,防止部分肌肉劳损。

最后,选择自己喜欢的方式,持之以恒,因为兴趣才是最好的老师。

我所在的健身房中,有位身材姣好、曲线优美的女孩,那结实挺拔的身材一看就是长期健身的结果,这样健美自然的女孩实在是太过稀有了。

出于对她的羡慕,我观察她一段时间。我发现她每次到健身房,都是先到跑步机上慢跑20分钟热身,然后跟着音乐,踩着动感单车扭动全身肌肉。结束30分钟的动感单车后,她并不是与其他人一样马上去浴室洗澡,而是利用不同的器械锻炼自己身上不同部位的肌肉。有的是锻炼上臂肌肉力量,有的是增加背部肌群的力量,还有的是让腰部受力和用力。

我猛然醒悟,这不就是典型的有氧运动和无氧运动相结合吗!

只要掌握了这个原则,我们也可以成为朋友圈中的健身达人,也可以有的放矢地进行减肥塑身训练。

年底工作过于繁忙,时间紧促,有时我只能在家里的地板上做10分钟的平板支撑。从开始的摇晃摆动,到如今的泰然自若,我发现看似简单的平板支撑运动却能很大限度地调动全身肌肉。

Chapter Four
第四章 /
自律的姑娘才能管理好身材

即使很长时间没有进健身房,在平板支撑的作用下,我腰肢依旧纤细,再也不复曾经的臃肿。即使工作繁忙,被生活折腾得灰头土脸,我也不会忘记健身这个最好的生活调味剂。

每个人都想成为朋友圈中的健身达人,但是无论如何千思万虑,最重要的莫过于踏出第一步。从沉闷逼仄的房间中走出来,让全身的血液快速沸腾,那就已经是不一样的自己了。

女人，就是要活出自己

第四节　日常身材管理并不难

> 当我迎风奔跑，微凉的夜风吹着脸颊，额边渗出的汗珠缓缓流下，这种感觉是我热爱的，好似全身的血液都在快速地沸腾。越奔跑，离那完美身材越近。

拥有完美匀称的身材，穿什么衣服都会好看。虽然有些令人沮丧，但是我们却不得不承认，若是你腰肢丰腴、下身粗壮、手臂肥胖，那么适合你的衣服会越来越少，而你穿出来的效果自然也是不甚满意。

所以，亲爱的姑娘们，希望你看完这本书以后，便能为自己制订一个日常身材管理计划。让自己不完美的身材通过持续地锻炼，

Chapter Four
第四章 /
自律的姑娘才能管理好身材

变得更加匀称健美，身体更加健康。

别看现在的我身材匀称，曾经一次失恋后，我也有过自暴自弃。男朋友异地，当我过去想给他一个惊喜的时候，却在他的卫生间发现了另一个女人留下的物品。分手后，我过了一段暴饮暴食的日子，身高并不高的我体重达到了60千克。那段时间，我卑微谨慎，常常不自觉地躲在人群背后，担心别人看到自己肥胖的身材。

世界上的规则就是这么残酷，当你没有姣好的身材、美丽的面容时，你行走的道路比起他人自然会崎岖很多。

直到有一次我在公交车上被人当作孕妇让座，当时我的感受如遭雷击。一个刚刚结束恋情的姑娘，竟然被人家当作孕妇。这太过于讽刺，也让我瞬间警醒，让我知道自己活得多糟糕，由此我下定决心改变自己，并制订了一套适合自己的减肥计划。

当务之急，是把冰箱里的碳酸饮料和薯片、饼干类食品全部扔进垃圾桶。然后我报了健身班，健身老师给我制订了少食多餐的营养计划，并根据我的体能，建议我去游泳。

我是一个旱鸭子，但是为了回到自己当初45千克的曼妙身材，每周有三天傍晚，我都会去游泳馆上课。有几个周末，从早上八点到晚上六点，我都泡在泳池里。多少次一个人在游泳池里锻炼，多少次看见奶茶暗自吞咽口水，又有多少次喘着粗气心中默念着"坚持"二字，三个月后，我终于在电子秤上收获了惊喜，瘦了12.5千克。我的精神也比锻炼前更好了，当我穿上三个月前准备打包丢弃的连衣裙时，那种成就感让自己激动得想哭。我也终于明白因为

女人，就是要活出自己

一件事自暴自弃是多么糟糕，而身材管理又是多么重要。从此，我养成良好的自我管理习惯，一直到现在，我的体重都是在45千克左右，上下浮动一般不超过1.5千克。

亲爱的姑娘，以貌取人是残酷的。但若是你靠自己的努力养成美丽的外表之后，你便也会明白以貌取人的益处。完美的身材、美丽的衣衫，这些都是你对抗世界最有力的铠甲。当你脸上荡漾着自信笑容的时候，你将更有信心勇往直前。

很多人提起陈意涵，都会不由得想到这姑娘的马甲线。这个元气满满、笑容爽朗的姑娘，最爱的事是运动和健身。被记者抓拍到的照片，也总是身穿着运动服，在教练的指导下进行锻炼。

在一档综艺节目中，陈意涵上演倒立、提拉等各种健身动作。在接受记者访问时，她直言，保养秘诀之一就是每天跑步8千米以上。时间允许的话，她可以跑20多千米。

这让我非常感慨，女明星的身材管理比一般人要严苛得多。即使你已经足够好看，可依然要坚持锻炼。

所以，现在的陈意涵看上去和五年前一样青春靓丽，脸上满满的胶原蛋白让人羡慕，这就是长期坚持锻炼获得的身体的红利。

制订一个并不难实现的日常身材管理计划，首先要遵循的原则便是循序渐进。很多人刚开始锻炼的时候激情澎湃，规划了大量的运动项目，制订了严苛的饮食计划，可是往往会因为要求过于严苛，执行了几天之后便身心俱疲，那些言之凿凿的计划便被抛于脑后，再也没有执行过。

其实刚开始时候，我们可以从一些不难的运动及简单的戒糖开始

Chapter Four
第四章 /
自律的姑娘才能管理好身材

做起，看见塑形的效果之后，便可以再根据自己的实际情况来增加运动量。

摒弃高热量食品，增加蛋白质的摄入，减少碳水化合物的食用，再配合有效合理的有氧运动与无氧运动，无论哪一种身材管理计划，都是根据这些原则来制订的。

切记远离冰激凌、爆米花、薯片、可乐这些大部分女生都爱的高热量食品，它们能让我们体验到饮食的愉悦感，但是高热量食品也是我们塑形减肥的天敌。想要保持身材，我们必须严格控制这些垃圾食品的摄入量。

有些人对于身材塑形可能会有误区，认为饮食上只能每天水煮青菜加酸奶，甚至不吃主食。其实增加蛋白质的摄入在你减肥期间有几个好处，一是帮助消耗体内多余的热量，二是增加饱腹感，三是促进体内的新陈代谢。

我有一个同事，长期靠节食减肥。她遵循过午不食的原则，吃了中饭之后再也不吃任何东西。坚持了一段时间，虽然清瘦不少，但是整个人却是面有菜色，精神不济。

再过几天，她本来干瘪的双颊竟然出现水肿了，那样子比减肥之前还难看。到医院仔细检查之后发现，原来是蛋白质长期摄入不足，造成了营养性水肿。

运动减肥与节食减肥的体形是不一样的，很多女孩羡慕的是健身房里运动达人们翘挺的臀部，纤细有力的小腿，平坦的小腹。而长期坐在办公室里缺少运动的白领臀部是扁平的，腰部则积累了不少的赘肉。

女人，就是要活出自己

想要获得健康完美的身材，必定离不开运动。做瑜伽也好，骑动感单车也好，跑步或者做普拉提也好，每一项运动都可以让我们全身的脂肪快速地燃烧。

最后，送上我的教练的口头禅与大家共勉——体脂非体重，七分吃三分动。

Chapter Four
第四章 /
自律的姑娘才能管理好身材

第五节　瑜伽能让你显瘦

> 长风阵阵，窗外树影婆娑。在寂静安然的室内，女孩在安静地做瑜伽，偶尔有依稀的鸟鸣声传入，伴随着清扬舒缓的音乐，女孩陷入冥想之中。

瑜伽，是一种能让人们找到自我的运动方式，一种平静而又蕴含蓬勃力量的运动。在舒缓的音乐中缓慢地做动作，让自己本来僵硬的身体变得柔软舒展，让自己烦躁的心情逐渐安定下来，最终能聆听到自己内心的声音。我想，这就是瑜伽的真谛。

喜欢练瑜伽的姑娘，一般都会有一副好的体态。长期的练习能改变驼背、含胸、高低肩等小毛病，很多瑜伽体式需要保持脊背笔直，这样的姿势能带动身体小肌肉群的塑形，从而实现紧致完美的

女人，就是要活出自己

身形。

网上有一张图片曾引起了网友的热议。图片是脂肪和肌肉的对比图，橙黄色的脂肪体积是旁边同等重量的肌肉体积的两倍。这张图如此直白地告诉我们肌肉和脂肪的不同，给人带来巨大的冲击。

经常练习瑜伽的姑娘会发现一件奇怪的事，自己体重并没有减少，但是视觉上身形却瘦了一圈。曾经臃肿的腰部变得纤盈起来，曾经下垂的臀部肌肉也慢慢挺拔，整个人如脱胎换骨一般。

减脂与塑形，是瑜伽带来的最显著的改变。虽然这项运动不如其他运动那般激烈澎湃，那般血脉偾张，但是在一张一弛、缓慢平和的体式之中却蕴含着巨大的力量。我们往往只关心体重秤上的数字，但仔细想想，我们减肥的最终目的不就是为了让自己身材纤瘦，能穿上美丽的衣服吗？认清楚这个事实，我们便不必纠结于体重秤上的那个数字了。

喜欢练瑜伽的姑娘会有好的心态。练习瑜伽时呼吸缓慢而深沉，伴随着每一次呼气和吸气，新鲜空气进入体内，压力则会被排出体外。而内省静观的冥想，更能让心中纷纷扰扰的思绪归于平静，安定于心。

要问演艺圈中女明星最爱的运动是什么，首屈一指便是瑜伽。爱上瑜伽的理由很多，有的是因为能改善形体，有的是因为能释放压力，还有的是因为能柔软筋骨。正是因为瑜伽这项运动富有层次感的魅力，才让每个喜欢它的人都有着自己的理由。

孙俪，练习瑜伽近 20 年，如今肌肤紧致，纤瘦而富有力量，眼中皆是平和内敛。孙俪的微博经常晒自己练习瑜伽的照片，就连

Chapter Four
第四章 /
自律的姑娘才能管理好身材

她的儿女也经常陪着她一起练习瑜伽。接受杂志采访的时候,她提到瑜伽能帮她释放压力,通过各种体式的拉扯,达到放松筋骨的作用。一堂课后,整个人都会变得平和温婉。

我的一个闺密,我们暂且叫她爱丽斯,是一个瑜伽的狂热爱好者,从舒缓瑜伽到高温瑜伽,再到空中瑜伽,她都尝试过。每天下班后,她都会泡在瑜伽馆,后来因为水平的提高竟成了瑜伽馆的兼职教练。从爱丽斯接触瑜伽,到如今痴迷于瑜伽,作为她的好友,我惊喜地发现了她的变化。

作为典型的北方姑娘,爱丽斯身材高壮,肩膀宽厚,虽然有一米六八的身高,但是却看不到任何女性的曲线美感。以前总被人嘲笑五大三粗的她,现在却是玲珑有致,身姿轻盈,身上没有一丝多余的赘肉,让人看起来赏心悦目。曾经性格急躁火爆的她,如今变得淡然宁静,她的脸上总是带着平静的笑容,遇事亦不像从前那般莽撞。

在爱丽斯的鼓舞之下,我也加入了瑜伽的学习。静谧的室内常常浅浅流淌着舒畅的轻音乐,我恢复了身体的知觉,跟随着教练的引导,负面情绪似乎也伴随着每个体式,伴随着一呼一吸,全部吐纳而出,留在体内的唯有清静自然的气息。人自然也就慢下来、静下来,有了和自己温柔相处的时间。

人世间总是苦乐相随,随着年龄的增长,所要面对的压力日益增加。通过瑜伽的练习,我们的内心可以找到难得的平静。

欢喜时漫观云卷云舒,闲暇时聆听轻音乐,做瑜伽舒缓身心。无论带着什么目的练习瑜伽,减肥、塑形,抑或是缓解压力,总

女人，就是要活出自己

之，当你愿意静下来感受瑜伽的魅力之后，它带给你的惊喜，一定会高出你的期许。

我在跑步机上跑了一个星期之后，一个女教练走过来真诚地建议我去买一双适合自己的跑鞋和一件运动文胸。作为刚刚入门的健身小白，我才知道，长期的跑步若是没有专业的运动跑鞋，会造成膝盖的磨损，而胸部若是没有运动文胸的支撑和保护，在跑步时的震荡下极易造成下垂。

合格的运动装备是健身的第一步。我们常看到女明星健身的照片，她们每个人都穿着专业的运动文胸和跑鞋，只有这样才能最大限度地发挥健身的作用。

Chapter Five
第五章

有趣的灵魂
万里挑一

　　漂亮的脸蛋如同当季盛开的鲜花，芳香四溢。有趣的灵魂如同熠熠的钻石，璀璨夺目。芬芳馥郁的花朵会随着时光荏苒逐渐颓败凋零，但闪烁的钻石却可经由时间的锤炼，日久弥坚。

Chapter Five
第五章 / 有趣的灵魂万里挑一

第一节　要长得漂亮，还要活得有趣

> 女孩漂亮的外表能让人眼前一亮，而有趣且生机盎然的生活状态，则宛如明空中的一颗星，不仅夺目，还会随着时光的流逝，愈加耀眼。

艾莫·阿拉慕丁，这个名字对于大家来讲也许十分陌生，但是她的丈夫乔治·克鲁尼可谓是大名鼎鼎，无人不知、无人不晓。作为好莱坞顶级的钻石王老五，2018年还登顶福布斯收入最高男演员榜，他的许多作品都为大家所熟知，如《十二罗汉》《在云端》《明日世界》等。

凭借着硬朗帅气的面容，乔治·克鲁尼曾经是好莱坞名利圈著名的花花公子，交往了许多超模、女明星，而最后分道扬镳的原因

女人，就是要活出自己

都是这位浪子不愿意踏入婚姻的殿堂，不想被家庭羁绊。

所以，当乔治·克鲁尼宣布与艾莫结婚的时候，媒体都大跌眼镜。虽然艾莫身材高挑，青春俏丽，但是比起乔治的那些漂亮前女友们并不算耀眼，大家都很好奇，她是如何让曾经的浪子甘愿缔结婚约的。

细细探究之下，我们才知道，艾莫是一位闻名国际的大律师。会三国语言的她，毕业于大名鼎鼎的牛津大学法律系，拥有英美两国律师执照，就职于联合国国际法院。

独立而自信的艾莫深深吸引了乔治，乔治的母亲提起艾莫也是格外赞赏，说"终于出现了一个和我儿子一样聪明的女孩儿"。

不想踏入婚姻殿堂的乔治和艾莫恋爱半年之后便火速求婚，用他的话来说，两个有趣的灵魂在一起能碰撞出不一样的火花，遇见有趣的灵魂能让他的人生截然不同，他不能想象没有艾莫的生活。

自信而低调的艾莫赢得了许多影迷的赞赏，甚至有些人打趣说：如此优秀的伦敦大律师是下嫁给了乔治。游历于花丛之中的乔治从来不稀罕漂亮的脸蛋，美女对他来说是司空见惯的，但是深刻而有趣的灵魂，他珍稀如同瑰宝，深深地吸引了他。

五官精致、打扮得体的女孩，面对你谈话的话题却茫然不知，腹中没有任何墨水，谈吐之间只知鸡毛蒜皮小事和娱乐圈八卦新闻，即使再美丽娇媚的面容，久而久之也会令人心生厌倦。

而有趣的女孩，如同窥视万花筒一般让人心生惊异。得体的谈吐，广阔的知识面，与这样的女孩相处再久，似乎也不疲惫，分外舒适自得。

Chapter Five
第五章
有趣的灵魂万里挑一

想要自己成为刻骨铭心的那一个,有趣比漂亮要重要得多。

法国电影《真爱百分百》的男主角乔斯兰是一个成功的商人,喜欢约会年轻、漂亮的女人。有一次他假装自己患有残疾,去约会漂亮的女邻居,却阴差阳错与她坐在轮椅上的姐姐弗洛伦丝渐生情愫。女主角虽然因为车祸丧失了行走能力,但却活得比谁都认真,她热爱运动,擅长小提琴表演,享受生活,她的热情、美好让男主角发现自己心灵的残缺,他给自己安排的生活比起女主角这个残障人士更为贫瘠。尽管不在豆蔻年华,也没有倾国倾城的容颜,甚至身体有残缺,但女主角有趣的灵魂、旺盛的生命力深深地打动了男主角,最终赢得了他的心。

我的下属小陈,五官小巧精致,再加上唇边的两个酒窝,显得纯真俏丽。但是在人才济济、美女如云的公司,她无论是相貌还是性格,都实在是让人难以铭记。

有段时间业务繁忙,公司陷入一种杂乱的状态。有次老板临时召开紧急会议,因为时间紧迫,事发突然,大部分人资料匮乏,面对老板阴郁的脸色,只能缄默无声。

而小陈却出乎意料地当场拿出了自己下班后做好的市场分析材料,里面的数据详尽真实,分析合理,给了市场部门极大的参考价值,再加上她的一些独特见解,这位眼神坚毅的普通女孩立刻进入了老板的视野,年底就晋升为项目主管。

因为她突出的表现,我开始暗中细致地观察她,发现她好学踏实,虽毕业于名校,但丝毫不骄矜自满,常常跟在主管后面追问业务问题,同一批实习生里面她的业务能力首屈一指。下班后,除了加班，她便是去舞蹈室学习拉丁舞，因而拥有曼妙无比的身材。

在花团锦簇的公司中，小陈逐渐从边缘化的位置走向最中心处，处于老板和其他高管的关注中。她凭借的不是自己傲人的身材与靓丽的外表，而是精湛的业务能力与自信低调的处事风格。

"好看的皮囊千篇一律，有趣的灵魂万里挑一"，这是网上格外流行的俏皮话，但是也表明大家对"活得有趣"这个状态的渴望与向往。我们都渴望与那些思想有趣的人交流，也都渴望有一天能成为那样有趣的人。

 **第二节　有趣，其实没那么难**

> 想要活得有趣并不难，主要在于你的心。若是你的内心世界足够强大、丰富，对任何新鲜事物都能保持如孩童般天真的好奇心，那么你离活得有趣已然不远。

面对朝九晚五的办公室生活，顺着熙熙攘攘的人流赶着地铁，似乎永远也做不完的工作，五光十色的城市霓虹灯照着夜归人苍白的脸颊，这是大部分人单调而重复的生活。

我们很难定义什么是有趣，却很容易分辨出谁更有趣。晴雯比贾元春有趣，猪八戒比沙和尚有趣，新奇比沉闷有趣，有趣的灵魂自带强烈的磁场，能不由自主地吸引周围人的眼光与注意。

女人，就是要活出自己

对于有趣的人，对于有趣的思想，我们似乎天生就有一种自发的向往。虽然事实很残酷，但是我们也明白，世间众人往往过得单调枯燥。过上有趣的生活，没有程式化的朝九晚五，亦没有一成不变的日常，精神世界变得多彩丰富，每日都有新鲜感，这是我们做梦都想得到的生活。

我的一个大学同学，个子矮小，其貌不扬，在大学期间并没有给大家留下深刻的印象，但是却在毕业的时候让所有的人大吃一惊。就在各种校园招聘会如火如荼进行的时候，她竟然抛下一切，前往西部边陲省份当志愿者去了。

别人在职场厮杀奋斗的时候，她在教当地的果农菜农如何开辟网络销售渠道；别人在聚会聊天的时候，她背着包去西藏徒步旅行；别人刷偶像剧的时候，她窝在乐坊里有模有样地学习打手鼓。从她朋友圈分享的照片中，我们渐渐看到与大学时不一样的她，双眸晶莹剔透，闪着明亮的光彩。

后来同学聚会时，她被同学们团团围住，成为话题中心，她短短几年的经历实在是太丰富、太有趣，让人不由得羡慕与向往。她娓娓道来的那些有趣的故事，引起大家的极大兴趣。我们已经习惯了办公室和写字间的安逸，面对如此缤纷而有趣的旅程，自然觉得新奇不已。

有趣比美丽更有吸引力。成为一个有趣的人，其实并不难，只需要你保有那颗追逐快乐自在的心。

江一燕，娱乐圈之中难得专注于自我的有趣女孩，她的标签不仅仅是演员，更是创作型歌手、摄影师、作家、支教老师。毕业于

Chapter Five
第五章
有趣的灵魂万里挑一

北京电影学院的她,并没有沉迷于五光十色的演艺圈,而是跟随着自己的本心去做自己想要做的事情。

她热爱摄影,总是背着相机,寻找生活中的闪光点。曾经的业余选手如今早已变成专业摄影师,每张照片似乎都有一段悠扬的故事,她拍摄的照片曾经多次入选《美国地理杂志》。

她支教十年,放弃了女演员最宝贵的年华,在广西为瑶族留守儿童教书,在嶙峋的山水中发出自己独特的光芒。

有趣而深刻的灵魂,纯真而自在的本心,江一燕带给我们不一样的认知,这样一个经历丰富而灵魂有趣的女孩如何不惹得他人喜欢?

想要变得有趣,我们必须要摒弃悲观,一个散发着颓然气息的女孩只会让人避而远之。黑白色的生活已经让人难以喘息,若是你依旧唉声叹气,满脸愁苦,他人亦不想接近你暗淡无光的生活。

想要变得有趣,我们要热爱生活,对待新鲜事物永葆纯真好奇之心。有趣是鲜活灵动的,有感染力的,不是故步自封,不是因循守旧。只有当我们不停地接触不同事物,享受着它们给我们带来的新鲜感与挑战,平静的生活自然会荡起旖旎的涟漪。

我楼下有位小姑娘,喜爱绿植。几平方米的阳台在她的巧手装扮下,变成了一个小型植物园。从晶莹小巧的多肉植物到雍容娇艳的牡丹、芍药,从绿意盎然的绿萝再到香气四溢的月季花,小姑娘的绿植园给平静无澜的生活增加了浓重的色彩。

她常常在阳台上摆弄自己的植物,从搭架子到摆花盆,再到修剪花枝,处处可以看出她的巧心。不同季节,她的阳台总会绽放着应季的花朵，惹得路人抬头张望。这样一个爱花的女孩，也引得不少邻居赞叹，可以做着自己喜欢的事并且怡然自得，这何尝不是有趣的新定义。

大部分人的生活苍白枯燥，有趣的人自然便如暗夜明珠般耀眼夺目。此刻的你，放下手机，远离那些嘈杂无趣的社交网络，去尝试自己一直期盼的生活吧。

爱自己的女人，会变得有趣；追逐自己的本心，也会变得有趣。有趣的方式有许多种，关键在于你心中的所思所想。

第三节　有耐心的倾听者更受欢迎

> 那些事业有成、内心平静的女人，往往都没有聒噪的言语，她们会眼角含笑地耐心听你说的一字一句。

善于倾听，是一种素养。当对方在讲述自己的过往与经历的时候，如果看到你诚挚的眼神，我相信这是你们心与心最接近的时候。

细数自己的社交圈，你会发现受欢迎的往往不是那些夸夸其谈、自吹自擂的人，而是那些善于倾听他人、尊重他人的人。那些喋喋不休只会说着自己以往经历的人，往往都自大心盲，缺少对他人真挚的关心与了解。

女人，就是要活出自己

　　从启蒙时期开始，家长和老师便耳提面命地交代"听话""好好听着"，但是长辈们却很少告诉我们如何倾听，怎样做才算是一个合格的倾听者。

　　合格的倾听者是有耐心的，愿意感同身受地体味说话人当时的感受，只有这样才能真切地感受他人的悲喜。我们往往习惯了社交场合的觥筹交错，却忽视了倾听对方内心深处最诚挚的声音。

　　能成为一名合格的倾听者，你便成功了一半。

　　我们公司每年年底都要为市场部的销售精英举办庆功大会，老板会在这时候宣布今年的销售冠军并且颁发巨额的奖金。有一年，出人意料的是，拿到销售冠军的竟然是入职不到两年且面相老实、寡言少语的小李。

　　农村家庭出身的小李，一直以来都寡言少语，就连平常的公司聚会也多是听他人聊天、开玩笑。我们身边似乎总有这样的普通男孩，少言谨慎，笑容清冽，眼神真诚。

　　在几人的拥簇下，手足无措的小李被拉上了台，为大家分享销售成功的经验。他抓耳挠腮地说："其实我也没什么可分享的，就是每次都认真听客户聊他们的奋斗经历，每次我感觉都能学到很多。"

　　听到这里，我不禁欣然认同。许多销售刚刚入行的时候，总是喋喋不休地吹嘘自己的产品，却很少倾听客户真正的核心需求。而成熟的销售，是把倾听放在第一位，在真诚的交流之后，成交便是自然而然的事情。

　　"万言万当，不如一默。"这是清代名臣张廷玉的处世箴言，在

Chapter Five
第五章 /
有趣的灵魂万里挑一

我看来，这句话的核心意思是倾听比诉说更为重要。正是靠着这个核心技能，张廷玉仕途顺利，晚年的时候更是位极人臣，在康熙帝身旁扮演着重要的角色。

言多必失，不如认真倾听，揣摩上意，这是张廷玉的处世哲学。那些口吐莲花的进士，那些能言善辩的同僚，在历史的云烟之中慢慢消失不见，独留下张廷玉隐忍端正的身影。

有时候，耐心聆听比繁复的言语更有力量。有时候，诚挚的眼神更能拉近彼此的心。

"学会倾听"，这是我涉世之初大学班主任留给我的一句话。如今，这句话在我心中反复咀嚼，我能在不同的阶段品出不同的意味，也因此越来越感谢恩师送给我的这句箴言。

女人，就是要活出自己

第四节 有趣，更是取悦自己

> 取悦自己的女人，不用活在他人的桎梏下，终究会活得自在坦荡。活得有趣的女人，眉角和眼梢都诉说着怡然自得的情愫。

越来越多的女孩向往过上令人羡慕的生活：闲暇时，可以品一杯茶，笑看云卷云舒；可以踏歌起舞，亦看淡花开花落；心似流水明净，不变初心。

但是，却很少有人真正地叩问内心：这样的生活你是否喜欢？人生苦短，若是仅仅为了他人的看法或是羡慕他人的生活而委屈自己，实在是得不偿失。

人生最高的境界莫过于活得有趣、取悦自己。让枯燥乏味的生

Chapter Five
第五章
有趣的灵魂万里挑一

活变得五彩缤纷，让沉闷无聊的日子变得斑斓，皆是为了取悦我们自己，不是为了长辈父母或他人。

强行跟风他人，或是按照长辈想要的生活方式来过日子，不适的只有我们自己。当我们取悦了自己，过上了自己想要的生活，即使周围是苍白单调的景致，也会变得明媚亮眼起来。

2018年，我国古脊椎动物科学家张弥曼女士被授予"世界杰出女科学家"的称号，这一消息顷刻间占领了各大网站的头条。在常人看来，成日待在户外研究古脊椎动物化石是枯燥无味的，但是在张弥曼的心中，再没有比这项工作更加有趣的事情了。

面对灰黄破碎的远古化石，寒冬酷暑的户外天气，许多女孩都会深恶痛绝，满脸厌烦。面对枯燥无味的论文与实验，许多女孩也会觉得那逼仄的空间让自己窒息。然而，张弥曼却沉浸其中，乐不可支。对她来说，从事着最爱的专业，研究着自己喜欢的事物，比五光十色的歌舞宴会还要有趣。

新闻图片里的张弥曼，脸色暗黄，衣衫上沾满灰尘。因为长期从事户外工作，再加上挖掘化石十分艰辛，她比衣着光鲜的同龄人土气得多。但是她的双眼却无比透亮，炯炯有神。做自己喜爱的工作，取悦于自己，眼睛何尝不会发亮呢？

人生本就孤独，我认为变得有趣，便是学会与自己相处，了然于自己的本心。取悦他人的你，终究有天会心力交瘁，浑身疲惫。唯有取悦自己，你的内心才会生出源源不竭的活力，去生活、去改变、去尝试，去过自己想要的生活。

我的一位朋友，独爱居家收纳。不同于其他女孩爱唱歌和跳舞，她寄心于打理自己的家。我曾经也认为她整日闭门不出，生活未免过于枯燥，但是有次到她家做客后，我完全改变了自己的想法。

女孩子的房间往往衣衫众多，凌乱不堪，但是她的卧室却是井井有条，整洁干净。为了更好地整理房间，她花了许多小心思，运用了许多小工具，她的衣柜里秩序井然，甚至挂在栏杆上的衣服都是按照长短顺序排列，看上去让人舒畅。

对她而言，收纳是一件格外有趣的事。内衣、袜子的摆放，旧物的收藏，还有厨房杂物的放置，在她的各种方法之下，都变成了有成就感的事情。她把自己的收纳经验发布到网上，赢得了不少的赞叹，短短时间内，她就成了网络红人，许多网友请她分享自己的收纳技巧。

每一次打扫，每一次整理，何尝不是在取悦自己，满足自己的秩序感呢？看似枯燥的家居收纳，因为她的巧思妙想也变成了有趣的事情。

所以，姑娘们，变得有趣，追根溯源在于取悦自己，跟随自己的本心。

Chapter Five
第五章 /
有趣的灵魂万里挑一

 第五节　有趣的女人能将烂牌打成好牌

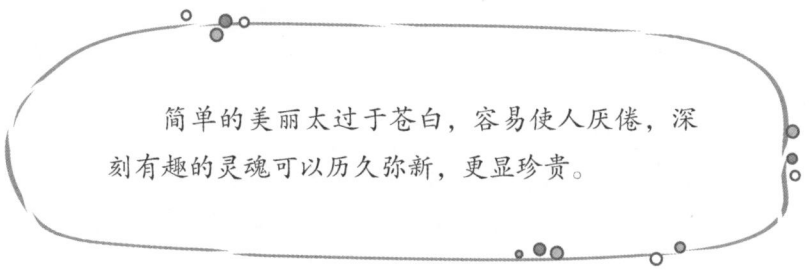

简单的美丽太过于苍白，容易使人厌倦，深刻有趣的灵魂可以历久弥新，更显珍贵。

　　某次喧嚣热闹的巴黎时装周上，抢得头条的不是争奇斗艳、衣着靓丽的女明星，而是带着自己男友出席宴会的邓文迪。虽然年逾五十，眼角微有皱纹，脸上胶原蛋白早已不在，但是陪着自己高富帅男友的邓文迪却是顾盼生辉，眼波流转。

　　小她十八岁的男友西恩可谓名副其实的"高富帅"，毕业于伦敦伊顿公学，是英国顶尖的小提琴家。混血儿的他双眼湛蓝深邃，高挺的鼻峰，再加上书香世家与生俱来的沉稳气质，引得不少网友

的羡慕。大家纷纷感慨，虽然离开了世界报业大亨默多克，邓文迪依然活得春风得意，笑靥如花。

众人只是感叹她情路顺畅，事业有成，往往忽略了邓文迪那超高的智商与聪慧有趣的性格。靠着这些，邓文迪才能攀登高峰，领略许多人未曾看过的风景。

出身于普通家庭，仅有高中学历的她，凭借出色的英语能力引起了他人的注意，才有飞往美国留学的机会。虽然媒体对她的步步为营颇有微词，传闻她心计深沉，但是我注意到的却是来到美国之后，毫无基础的邓文迪凭借一己之力考上了美国耶鲁大学。

后面的故事曲折而繁复，占据了各个八卦杂志的头版头条。许多媒体对豪门生活津津乐道，但若不是邓文迪有着强大的聪慧，开朗而阳光的性格，年逾花甲的默多克又怎愿付出巨大的代价离婚而选择和她共结连理。

和有趣的人在一起，空气都会带着丝丝甜味。阅尽千帆的默多克并不贪恋美丽面容，然而却能为了邓文迪义无反顾离开原来的家庭。儒雅帅气的小男友西恩，身边并不缺乏漂亮女人，面对比自己大十八岁的邓文迪，却仍然沉迷得不可自拔。

纵使外界评价不一，但不可否认邓文迪的魅力所在。当年那个南方的怯弱小女孩，如今靠着自己的力量留下令人惊叹的轨迹。

有趣的女人、有思想的女人，总能把一副烂牌打出意想不到的效果，她们拥有化腐朽为神奇的能力。

如今成功逆袭的故事最激励人心，因为大多数人生来平凡而普通，人们总是能期盼着改变自己的生活际遇，达到自己所期盼的社

Chapter Five
第五章 / 有趣的灵魂万里挑一

会阶层。多少个女孩怀着灰姑娘的梦想,但是她们却很少有人能明白,仅依靠美丽的外表很难打动人心。改变自己的命运,改善手中的牌运,只能依靠于你的思想、你的心。

我的高中同学,当年和我同桌的那个长发女孩,记忆中她总是穿着洗得发白的衣服和简单的白布鞋。她从小父母离异,跟着爷爷奶奶生活,家里并没有优越的物质条件,就连这学习机会也是来之不易。

她苍白的脸上总是带着好奇的眼神。我记得她曾经跟我说过,很羡慕那些翩然起舞的艺术生。每次年底文艺汇演的时候,她总是聚精会神地看着台上的人旋转舞动。

前段时间早已散落各地的我们,终于通过微信联系上了,我们开心地聊了好久。

如今的她是银行的信贷经理,微信头像就是她淡然微笑的模样,气质脱俗。也许是为了圆陈年旧梦,她经常会在朋友圈分享自己跳舞的视频,她在舞蹈培训班学习了三年的现代舞,舞姿婀娜动人,再加上脸上的微笑,甚是好看。

曾经那个拘谨的女孩,如今出落得落落大方。同学们在她朋友圈下的评论,皆是惊叹与羡慕。

她从那样崎岖蜿蜒的小路走上如今的阳光大道,是多么艰辛,但幸而命运不会亏待这些灵魂坚韧的女孩。人生如同牌局,落子无悔。手握烂牌的她,如今赢得干净利落,令人心服口服。

从现在开始,从今天开始,打破自己的桎梏,抛弃那些枯燥与不堪的生活。追逐自己的初心,爱自己胜过爱一切。相信我,有趣的女孩总是会过上自己想要的生活。

第六节　好心态是一切的本钱

我们的心若昏暗，我们的世界必然昏暗；我们的心若光明，我们的世界也必然光明。好的心态，犹如照亮我们生活道路的明灯，纵使前方暴风骤雨、阴暗逼仄，但是我心依旧向阳而生。

小时候在课本中看到"好的心态决定一切"这句话，但是当时尚且懵懂的我很难彻底明白，直到有一天看见书上另一段话才恍然大悟。

"心态若是改变，态度跟着改变；态度若改变，性格跟着改变；性格若改变，人生便跟着改变。"

Chapter Five
第五章 /
有趣的灵魂万里挑一

好心态，可以影响人的思维方式与性格脾气。若是你长久纠结于过去的种种困苦，心中必然悲苦不堪。若是你能把烦恼皆抛诸脑后，迎接你的就是前路璀璨风景。

出身港姐的张曼玉似乎比不上那些科班出身的专业演员，曾被香港报纸连篇累牍地报道演技不好，是花瓶摆设，而业界的流言蜚语和抨击声格外猛烈。

好在一部《阮玲玉》让她成为柏林电影节影后，从此对她演技的质疑也烟消云散，之后她给众人留下了经典永恒的银幕形象：《花样年华》中娇弱凉薄的背影，《甜蜜蜜》中凄然克制的笑颜，还有《英雄》中肃杀决绝的面容。不知有多少影迷至今依旧在回味她的经典作品，她凭借精湛的演技，被誉为"华语顶级影后"。

在几年前一次上海草莓音乐节上，张曼玉在阴寒的六级大风中唱着她最爱的摇滚乐曲。面对之前"跑调"的评论，她高声喊着："我不想停，我从小就有当歌手的梦想，我演了20次电影还被人叫作花瓶，请再给我20次机会。"

即使唱歌跑调破音，却依然乐观豁达，若有机会，仍会去尝试。这是自由与向往的精神，也是由内而外散发的洒脱与自信，有着这样心态的张曼玉，宛如一个灵动少女，执着地在她最爱的舞台上做少女时期的摇滚梦想。

那些充满魅力的女人，都拥有着一个好心态。即使沮丧，也终将走出窘迫困境，不会沉迷于其中，更不会迁怒于他人或自怨自艾。即使有日登上高峰，她们也不会得意忘形，更不会拜高踩低。

女人，就是要活出自己

即使平凡，她们却依旧能从黑白生活中找出属于自己的那抹亮色，装点枯燥的日子。

好的心态，是我们生活的基底色，是一切的根基。好的心态如同内心深处的柔光，磨炼我们的秉性，改善我们的脾气。

内心有光的姑娘，必然是温暖的姑娘。她内心深处的光必然是炙热的，任凭风吹雨打，岿然不动。

我的前同事钱媛，初次接触她时感觉这是个如温水般的女孩，面容莹白透亮，唇角扬着好看的弧度。似乎从来没有看见她发怒或者生气，哪怕是工作上遇见了再难的困阻，她也仅仅是微微皱眉，然后有条不紊地安排工作进度。

有段时间，公司的重要业务全部堆积在了一起，全公司的人都在挑灯加班，每个人都在忙着手中的工作。由于繁忙疏忽，钱媛负责的客户项目交接出现了纰漏，总经理当着全公司人的面责问钱媛的工作过失，并且大声呵斥。

当时的钱媛脸也涨红，但却并没有过多解释，因为时间紧迫，与客户交接时间已经不多。刚刚被总经理责骂过的她，跑到卫生间洗了把脸之后，立刻回到了工作岗位，继续下面的工作。

虽然出了插曲，但是所幸项目最终如期完成，并没有给公司带来任何损失。后来在钱媛的耐心查询下，发现出现的交接错误是甲方公司失误造成的，与她无关。

事后不久，钱媛就被提升为市场部经理，成为公司最年轻的女高管，拿着同龄人羡慕不已的高工资。心高气傲的总经理更是难得地在公司开会的时候，当场承认自己的失误，并且极力赞扬钱媛泰然处之的工作方式。

试想一下，若是你面对上司的误解与非议，是否能稳定住自己波澜起伏的心态，并能迅速调整心态，重新投入到工作之中？你是自己情绪的主人，还是任由情绪操作控制自己？

在后来与钱媛的接触中我发现，她能鹤立鸡群、优于常人正是凭借自己不被纷杂琐事打扰的好心态。任何时候，她都能沉稳自如，不会受琐事或者情绪干扰而做出偏离正确轨道的事情。

即使有悲伤、喜悦、痛楚、无聊，钱媛也不会让自己长期沉湎其中。在激烈的职场中，她永远保持精神昂然的状态。常看到她淡然浅笑的样子，我不禁莞尔，我们经由许多错误才认识一些道理，这位姑娘却是无师自通，她若不成功，谁还能成功呢。

好的心态可以让你拥有自在得体的人际关系，好的心态亦会让你看到生活美丽动人的那一面。

哪怕洪水滔天，我心安然；我心安然，则处处皆是桃花源。哪怕暗夜无边，我心光明；我心光明，则处处都是水云间。

女人,就是要活出自己

如今网络发达,微博上有许多成功女性教大家如何变得更美,如何变得更瘦,但是却闭口不提如何变得有趣。

再漂亮、再精致的面容,若是腹中没有半点墨水,人云亦云、随波逐流,那就如同泥雕木塑,空有一副好皮囊,整个人的美都是空洞而苍白的。

Chapter Six
第六章
你也可以很性感

> 我们要感谢岁月，是它帮我们褪去了曾经的无知与张狂，让我们变得从容、成熟、性感、向上。时光会装饰你的眼神与眉梢，扑面而来的轻熟感，如此简朴归真，让人无法自拔。

Chapter Six
第六章 /
你也可以很性感

第一节　不一样的性感

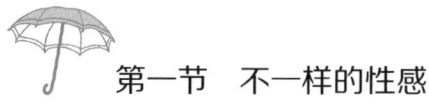

有些人喜欢浓妆艳抹，穿着暴露的衣衫。而另一些人懂得适当保留骨子里的柔情与美丽，恰似一本隽永的好书，藏在她的人生阅历之中。

清凉夏日，许多姑娘都穿着最美的衣衫，性感地走在五光十色的城市中。她们毫不吝啬地展示自己的好身材，身上的衣裙也恰到好处地裸露出她们莹白的皮肤。如梨花般清丽的姑娘总是引人瞩目，但是有些性感宛如流云般随即浮过，而有些性感却让人品味无穷，为之倾倒。

莫文蔚的一组演唱会图片曾引起广大网友的激烈讨论。照片上的她，在舞台上身姿轻盈，婀娜可人。她身着一件裸色的贴身演

出服，恰到好处地点缀些许碎钻，浑身上下没有一丝赘肉，而她当时已经48岁。

舞台上，莫文蔚的性感浑然天成，没有丝毫矫揉造作之感。那双纤细笔直的长腿，或是跳跃，或是漫步，或是在钢琴架上微微跷起，她宛如20世纪的古典海报女郎，娇柔灵动，顾盼生姿。

出身于书香门第的她，年少时便出国游学，辗转于英法两国。学成之后，她并没有如其他大家闺秀走入既定的人生轨道，而是选择了唱歌，于是便有了《广岛之恋》《阴天》《盛夏的果实》等经典作品。

她并不是标准的美女，但是却魅力十足，在专辑封面上笑容灿烂，MV之中更是破天荒地半裸出镜。正如她所说："性感是我的招牌，我没有办法不性感。"她坦然地接受自己独一无二的美丽与性感，既不顾影自怜，又不扭扭捏捏。

莫文蔚几任的情感经历都为大众熟知，不管是周星驰还是冯德伦，分手之后的她总是决绝而又潇洒，没有任何执念与苦大仇深。即使与多年的恋人分手之后，即使对方高调宣布了新的女友，她也仅仅是在自己的演唱会上高歌一曲《他不爱我》。唱完之后，前缘斩断，潇洒转身，再也不留恋。

辗转之后，莫文蔚和当年的初恋结婚。缘分就是这么奇妙，17年后二人再度相逢便踏入婚姻的殿堂。如今，二人到处旅行，拖着行李箱走了半个地球，举止亲昵，生活甜蜜。莫文蔚的字典里，似乎永远不缺"性感"二字，她性感地演出，性感地生活，一以贯之地将其融入自己的人生信条之中。

Chapter Six
第六章 /
你也可以很性感

活得性感的女人，大致便是像她这样洒脱自然。从不谄媚于他人，只遵从自己纯粹的本心。她在舞台上唱歌的样子、跳舞的样子，举手投足之间都如同教科书，向所有的女孩诠释着什么是性感。

性感，不是为取悦他人，而是取悦于自己。女人的性感，是源于生活的从容、内心的自得、胸中沉淀的知识与认知。只有这样，才是生动的性感，魅惑到骨子里的性感。

电影《西西里的美丽传说》中，女主角莫妮卡·贝鲁奇穿着一身黑色套装短裙，在熹微的夕阳光线中走在街道上，周围所有的目光都被她吸引，众人屏气凝神，似乎整座城市的焦点都汇集在她的身上。

虽然她的服装保守，浑身上下包裹得严实安全，及膝的黑色套装略微沉闷，但是她眼角眉梢透露出的那点风情及绛红色的嘴唇，却是魅力十足，让人过目难忘。

我的一位朋友，曾经是名校研究生，学业优异，毕业后很快就找到了一份令人艳羡的工作。她是我看过最精致优雅的女人，对自己的保养简直到了吹毛求疵的地步，酷爱各种时尚性感的衣衫。

然而，自从得知和她厮守多年的男友劈腿之后，曾经神采飞扬的她目光黯淡、容颜憔悴、气色灰败。我还没来得及安慰她，她就向公司请了年假，一个人飞到云南度假了。

本想着等她回来后再劝她开怀，却发现她回来后立刻进入快节奏的工作生活中。眼眸之中的黯然似乎消失殆尽，曾经的红唇更加艳丽，她的脸上洋溢着洒脱而自然的气息。

女人，就是要活出自己

如今的她，聚会的时候依然穿着性感的衣衫，耳垂上的长条耳环闪烁着细腻的光泽，由内而外散发出成熟自然的性感风情，在众多稚嫩纯真的面孔中如此突出，如同夜空明月那般耀眼，引得不少同行男士纷纷瞩目。

纵使偶有失落，她依然能够全心全意地投入生活，从内心到身体皆不被束缚。曾经空白的眼神，如今也变得如同久酿的陈酒，让人深陷其中。

常有姑娘问我，怎样才是真正的性感。我往往都是沉吟片刻之后告诉她们这个朋友的故事。一个女人的性感来源于她的品位、她的阅历、她的情感生活和她的学识。只有当我们可以做到洒脱自如，取悦自己之后，你的一颦一笑自然就散发着性感的光晕。

Chapter Six
第六章 / 你也可以很性感

第二节 我猜你根本不知道该怎样性感

> 许多女孩在夏天往往为了清凉而清凉，修身短裤、吊带衫、露背装轮番上阵，却忽略了自身的优势，无意中放大了自己的缺点，让自己成了自惭形秽的那个人。

美剧《欲望都市》之中，四名鲜艳靓丽的女主角生活绚烂多彩，每个人都是衣着时尚奢华，但是我印象最深的却是女主角Carrie的经典性感装扮。她穿着修身的短上衣，露出平坦的腹部，下身穿着一条简单A字裤，宽阔的裤腿把她细长的双腿展露无遗，整个人曲线优美，身姿曼妙。

巧妙的夏日穿衣法则需要画龙点睛，既没有过分的性感，又可

女人，就是要活出自己

以展示自己姣好的身材，像 Carrie 那样自然的服装搭配在一片沉闷枯燥之中，不得不让人眼前一亮。

在营造夏日的清凉感上，技术真的很重要。很多女孩空有好身材，而在服装搭配方面却没有任何章法，要么过犹不及太保守，整个身子被包裹得严严实实；要么露得太多，不注重整体协调，给人以轻浮的风尘感。

怎样才能既性感可人又恰到好处呢？无论何时，我们都要根据自己的实际情况来制定适合自己的法则，把握好应有的尺度。

如果你有曼妙的身材，千万不要过于贪心，希望把所有的优点都展示出来。性感的首要原则便是适可而止，切记不要过火。想象一下，若是一个姑娘既露出傲人的事业线，又露出纤细的腰肢，那在旁人看来只会有恶俗的风尘感。

前卫独特的性感服装要慎重选择，那些突破常规审美的服装初看之时给人极大的视觉冲击，但稍稍不注意你便成为"LOW"的代名词。若是你没有超模般完美的身材和百搭的气质，我劝你不要剑走偏锋，轻易尝试这些前卫服装。

相比于直白简单的裸露风格，含蓄的清凉穿衣法则才是性感的最高境界。倪妮在《金陵十三钗》电影中穿着一身剪裁合体的纹绣旗袍，微微解开了胸前两三颗盘扣，莹白的锁骨似露微露，实在是性感魅惑，成为电影史上的经典形象。

倪妮平时走的并不是性感路线，但是凭借着自己穿衣打扮的小心机，她让自己既有女孩的纯真无邪，又有小女人的魅惑迷人，两种复杂的气质在她的身上交织碰撞，整个人都散发出迥然不同

Chapter Six
第六章 / 你也可以很性感

的意味。

有时候,她穿抹胸露肩的小礼服,把挺直的颈部显露无遗,因从小练习舞蹈,她体态良好,气质绝佳,在众人中耀眼夺目。

有时候,她坦露背部,毫无保留地展示自己匀称完美的背部曲线,没有一丝丝的赘肉,玉肌莹然生辉。

有时候,她穿着宽松莹白的衬衫,胸前的几粒纽扣微微解开,一动一静之间风情欲语还休,既温柔得体,又俏皮迷人。

聪明的倪妮很清楚自己的优势,并且善于把自身的优点最大化。凭借着那些看似毫不起眼的小动作,如今倪妮成为大家眼中"穿衣最不会出错的女星"。

不同女孩有不同的身材特点,有的膀圆肩宽,有的下身粗短,有的含胸驼背。若是你枉顾自己的优缺点,盲目地追求性感,也许会造成灾难性的结果。

曾经的穿衣高手张雨绮,五官娇美,身材玉润珠圆,作为"星女郎"的她,自然是拥有万千宠爱,被许多时尚公众号赞美其穿衣品位。然而,在某次上海国际电影节亮相的时候,她穿着一条露肩白色晚礼服,胸前以硕大的蝴蝶结作为衣领,衣裙蓬松而华美。不同以往的是,这次她的礼服引得众多时尚杂志一片恶评。

即使如张雨绮这样的大美女,选择了不适合自己的服装,也会造成一言难尽的效果,更何况普通的女孩呢?

所以,亲爱的姑娘们,一定要在了解自己身材的优缺点之后再进行抉择,选择只属于自己的性感。

想要营造隐隐约约、若有若无的性感,我们可以选择绑带款

式,个性十足又带点调皮。交叉的绑带可以拉长身材比例,让你看起来耳目一新,彰显出不平凡的设计感。

相比大面积的坦露,一条腰部两侧挖空的连衣裙能在若隐若现之中为你增加一丝绝妙的性感风情,能凸显你的杨柳细腰,展示你的玲珑身材。

上身纤瘦的姑娘绝对不要放弃任何露肩装,锁骨是女人性感的标志,小露香肩,亮出了你精致的锁骨,既能展示肩部的线条美,又能添加一丝浪漫情怀。只要露出了肩膀,你便可以在各种风格之间切换自如。

雪纺、轻纱、流苏这些元素都有助于营造性感,能给人以缥缈洒脱之感。当你完美的曲线在朦胧的纱线之中若隐若现,既性感又神秘,实在是让人着迷。

只有当我们选择了适合自己的性感规则之后,那些看似简约无奇的衣衫才会在身上大放异彩,迥然不同。成熟的姑娘总是对那些元素信手拈来,得心应手,相信那些稚嫩清纯的姑娘,看了这本书之后,也可以在夏日的清凉之中越走越美。

Chapter Six
第六章 /
你也可以很性感

第三节　30岁后性感比青春更迷人

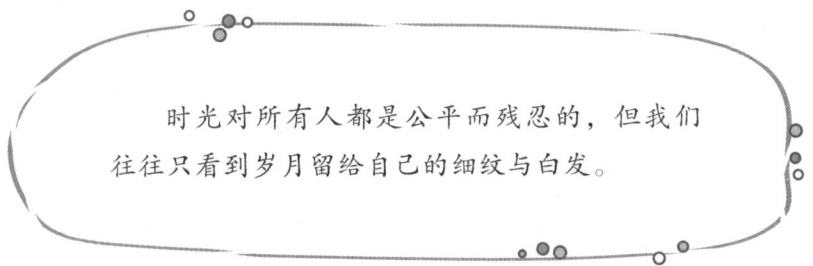
时光对所有人都是公平而残忍的，但我们往往只看到岁月留给自己的细纹与白发。

公司财务总监在微信群里宣布了自己要结婚的消息，这个信息如同深水炸弹，立即引起了一阵轰动。身材颀长、面容俊秀的他，作为公司的高管可让不少姑娘春心萌动，跃跃欲试。

许多年轻的女孩都明里暗里地对他表白过，有纯真的、有艳丽的、有简约的，可是即使是在许多年轻姑娘的攻势下，这位财务总监依然岿然不动，似乎对满眼的花团锦簇毫不动心。

在他忽然宣布结婚之后，公司内部立刻传出小道消息，据说他的未婚妻比他大三岁。许多姑娘暗暗咂舌，是什么样的一个女人搞定了这个黄金单身汉？甚至有不少人私下揣测，他的未婚妻是否家世显赫，条件优渥。

公司年终酒会，财务总监带着自己神秘的未婚妻出现在大家的面前。那晚过后，很多姑娘心中的小火苗都熄灭了，大伙不禁心悦诚服，终于明白为何常拒人千里之外的财务总监会选择比他大三岁的女人。

他的未婚妻五官小巧精致，虽然算不上美艳至极，但是眉角眼梢的沉着淡然让她气质出尘。一身真丝的黑色低胸小礼服，款式简约经典，锁骨线条若隐若现，又带着些许性感意味，耳边和颈脖上的碎钻首饰散发着细微璀璨的光芒，更加衬托出她的皮肤莹然生辉。

细聊之后我们才知道，年仅30岁的她已经是某大学的副教授，学科领域的带头人，称得上是单位的业务骨干。优雅的谈吐、迷人的气质、成熟而自信的眼神，站在我们面前的是这样一个性感的女人。

那天，小助理在我耳边低语说道："到了30岁，我若能如此迷人，那就好了。"听罢她的话，我不禁浅笑。充满魅力的女人能让人忘记时光的痕迹，迷上她身上馥郁的性感气质。

对于女人来说，30岁的到来意味着人生新的开端，褪去豆蔻少女的清纯、初入社会的懵懂无知，带着逐渐沉淀的气质和性情踏入生活，若是你能再点缀些许性感色彩，那么你将会更加迷人。

我们身边有些人，出于对年龄原始的恐慌，似乎很想抓住青春的尾巴。我不止一次看到过有些女人穿着与年龄不符的靓丽衣衫，画着青春洋溢的妆容，错位的搭配在她们身上只会显得怪异与不伦不类，反而感觉不到任何的美。

我们不可否认的是，随着年龄的增加，脸上的胶原蛋白会逐渐流失，曾经光洁细腻的皮肤不知什么时候也有了细微的纹路。若是我们依旧执着于学院风或者低龄风，拘泥于青春洋溢的风格，那只会让自己陷入尴尬境地。

想象一下，不再青春飞扬的脸搭配蓝色衬衫格子裙，那该给人怎样怪异的感觉。而令人瞠目结舌的是，大部分人都对自己低龄化的衣着和妆容毫不自知，甚至有些人很抗拒尝试那些简单的轻熟女风格，仿佛那是衰老的征兆。

姑娘们，你们不知道的是，30岁后的性感比青春时期的活泼更加迷人。

女人到了30岁，成熟知性的气质会由内而外慢慢散发，虽不如豆蔻青春那般耀眼夺目，却宛如夜空明月，让人久久回味。

年轻的姑娘虽然有着如花朵般的年纪，但是却因为社会阅历浅，往往不能驾驭其他的风格。而30岁之后的女人，经过了生活的洗礼，心智已经臻于成熟，只有真正的"熟女"才能更好地演绎成熟、性感的味道。

有人说，20岁的姑娘如同稚嫩可口的青苹果，咬在嘴中满满都是酸甜和涩口；而30岁的女人却是金黄的蜜橘，色香味浓，越是咀嚼，越让人口齿生香，虽然没有惊艳四座的效果，但绝对耐人寻味，经得起推敲和打量。

女人,就是要活出自己

闫妮,可谓是岁月沉淀出性感气质的典型代表。电视剧《武林外传》中,她穿着黯淡宽松的古装戏服,靠着自己的精湛演技塑造了佟湘玉这个经典角色,在同福客栈之中左右逢源,嬉笑怒骂。

后来热衷于健身,闫妮日益纤细,甚至还有了马甲线。随着身材愈加完美,她敢于尝试之前不敢涉猎的范围,抹胸装、露肩装,甚至比基尼都信手拈来。在某电影节的红毯环节,闫妮穿着一身墨蓝色的露背礼服,自信地露出了自己光洁莹白的背部,简约性感。她对着镁光灯浅笑,相比同福客栈的佟掌柜,此刻的闫妮简直是逆生长。

闫妮无意之中露出的那种性感风情,在我看来,已经胜过了许多千篇一律的年轻美女。性感最重要的元素往往不是衣着、裸露,而是风情、眉眼。女人过了30岁,自己的阅历、自己的情感、自己的学识在心中累积,化为眼角眉梢的气质,若是能拿捏住性感尺度,那便是无可比拟的资本。

敢于直面30岁的标签,肆意而洒脱地活着。敢于尝试20岁之前不敢尝试的风格,性感而热烈地活着。敢于从内打破自己的桎梏,那么现在的你,就会比从前更加美好。

第四节　有些肢体语言会让你惊艳全场

> 要时刻谨记，此刻是你以后人生中最年轻的时刻，务必保持昂扬的精神状态，即使偶尔失落，低沉地度过夜晚之后，擦干眼泪，我们依旧要以骄傲的姿态迎接明天。

号称"直男论坛"的虎扑社区评选最性感的女神，曾引起了许多网友的围观讨论。初选的名单可谓是包罗万象，既包括了高圆圆这种清纯女星，又涵盖了柳岩这样的性感主播。但是结果却令人意外，已经息影很久的邱淑贞获封"最性感女星"。

女人，就是要活出自己

小巧精致的脸蛋，扑闪灵动的双眼，殷红色的衬衫，这些都是邱淑贞的性感组成元素。再加上她偶尔撩动长发，纯真的眼神在散乱的发丝之中若隐若现，可谓是惊艳全场。

不知是谁帮邱淑贞设计了撩头发这个简单却魅惑的肢体语言，但可以肯定的是，正是这个看似简朴的动作放大了邱淑贞对观众的感官冲击，让人看了愈加着迷。

相比之下，许多姑娘太过于忽视自己的肢体语言，往往以为外表只需要靠衣装和妆容来点缀。其实，我们的肢体语言宛如隐形的信号灯，它无时无刻不在展示我们的心情与风度。

经常掩住嘴轻笑的姑娘，往往性格内秀而温柔。经常嘴唇上翘的女孩，往往乐观开朗，对人热情大方。经常低头含胸的女孩，从潜意识里似乎就对自己不够自信，不能正视于人。

不管你承不承认，那些看似细微毫无痕迹的肢体语言，正在展示你的气质与美丽。虽然自己感觉不到，但是在他人眼中却是一目了然。

我们很多人都有个小毛病，那就是与他人对话时眼神会没有焦点。在面试了许多人之后，那些真诚地与我对视的面试者往往都能给我留下深刻的印象，因为只有彼此之间眼神直接交流，我才能真正感受与对方的沟通。

不自信的姑娘，或者是注意力不集中的姑娘，经常与他人对话的时候眼神飘忽不定，殊不知这种表现给人的印象极差，没有人会喜欢与三心二意的人交谈。

Chapter Six
第六章 /
你也可以很性感

我曾经去校园招聘,在来来往往的人群中,有个姑娘给我留下了极深的印象。她挺拔的背部和直立的脖子格外突出,再加上她那双灵动认真的双眼,让人过目难忘。

如今办公室的白领因长期待在办公室,绝大多数的人都养成了驼背含胸的坏习惯。那个姑娘挺拔的身姿,立刻给了我们极大的好感,正是这个小细节让她得到了进入我们公司实习的机会。

那位姑娘进入公司实习后,任何时候都是挺起胸膛,微微扬起下巴,生机盎然。那浑身散发出来的魅力很快便感染到周围的同事,让人精神倍增。我相信,大部分女孩掌握了这些简单而有效的肢体语言后,都可以为他人所瞩目,脱颖而出。

在严肃或者紧张的场合,僵硬的动作和不自然的表情,很快便会被人发现,这些负面作用的肢体语言在给他人传达你很紧张的信号。而这位姑娘展示的却是保持放松的体态,手掌微微打开放在身体两侧。

从某个方面来讲,这位姑娘的这些肢体语言简单而又容易掌握,我们每个人都可以轻而易举地做到。就是凭借着这些肢体语言,姑娘在枯燥沉闷的办公室中脱颖而出。她时刻注意仪态,即使是混乱匆忙,也能保持自己的步伐毫不凌乱。即使是疲惫倦怠,也不会肆意地放松自己的身体,身形颓靡。即使是愉悦放松的场合,也不允许自己有那些奇异夸张的身体语言。

每个动作、每个姿态、每个眼神,都展现在众人的眼中。那些看似无碍的肢体语言,其实每时每刻都在透露你的性格与脾气。若

女人,就是要活出自己

是你也能掌握这些简朴而重要的肢体语言,那么你很快会在人群之中闪闪发光,令人瞩目。

　　希望有一天,你的举手投足足够优雅,你的一颦一笑足够迷人,你的气韵神态,宛如春风拂面,怡然自信。

Chapter Six
第六章 /
你也可以很性感

第五节　最完美的性感是让同性也欣赏

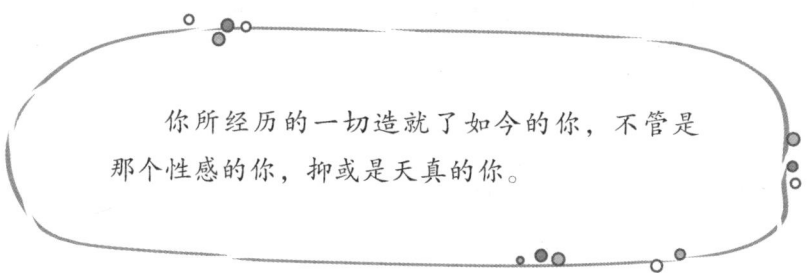

你所经历的一切造就了如今的你，不管是那个性感的你，抑或是天真的你。

许晴在话剧《如梦之梦》中饰演民国美艳名妓顾香兰，在她的诠释下，这个虚拟的哀怨女人活色生香，热烈、活泛、自我、性感。

长达八个小时的话剧，不仅没有让现场观众感觉冗长，反而只恨时间过得太快。舞台上的许晴空灵而魅惑，身着褐色丝绸旗袍的她身形笔直，容颜既哀伤又性感，宛如从画中走出的一般。她既野性，又洒脱，这种野性而香软的性感包裹着顾香兰的颠沛流离，让

女人，就是要活出自己

大家沉迷于其中，不分男女，不分年龄。

若是问哪个女人的性感可以让同性与异性都欣赏，我认为许晴当之无愧。她从来没有走过性感路线，肆意地爱着不同风格的衣衫与礼服，只是偶尔露出的锁骨，莹润的皮肤，迷人的酒窝，无时不在地给大家传递性感的诱惑。

异性可以在许晴身上看见妖娆魅惑、性感美丽；同性可以在许晴身上看见洒脱肆意、来去自如。许晴好似复杂的多面体，不同的人总是可以透过不同的光线和角度看到她身上的美。

许晴曾因参加某综艺节目引起众人误会，许多网友跑到她微博的评论下污言秽语，可是许晴依旧云淡风轻、笑容恬淡，不为他人所动。似乎从来没有看过她不堪或者庸俗的一面，美人如斯，永远活在闪亮的舞台上，没有任何瑕疵。

有人曾经问我最完美的性感是什么，我想莫过于男女都喜欢的、没有攻击性的性感。若是仅仅凭借着暴露的着装、浓妆艳抹抑或是眼神迷离来展示性感，那就流于表面了。真正的性感蕴含在眼角眉梢、举手投足之中，宛如最甜美的空气，让人不由自主地心生向往。

女性太明白同性之间的那点小心思了，你要相信大部分女人在内心深处都对那种肤浅的性感嗤之以鼻。只有那些优雅自然、潜化于无形的性感，才能赢得同性真诚的赞赏。

暴露的衣着、庸俗的姿态，往往只是给人带来第一时间的感官刺激，激情褪去之后只剩下艳俗倦怠。而真正的性感，愈看愈为之倾倒，如同浓郁清香的茶让人回味无穷，深陷其中。

Chapter Six
第六章 /
你也可以很性感

我的好友小杨，曾是洒脱自如、雷厉风行的职业女性。自从生了小孩之后，她优雅转身成为家庭主妇，耐心而细致地照顾家庭与孩子。

刚开始我不能理解，在我的印象中，主妇们的生活单调、枯燥、沉闷。在后来的一次闺密聚会中，我发现小杨似乎更加利落俏丽，之前眼神中的锐利全然不见，剩下的是小女人的性感与自然。

那天，小杨穿着一身雪白的无袖连衣裙，露出了她笔直的双腿。自信从容的她画着精致的妆容，耳边的首饰随着她的轻笑摆动摇曳，窗外和煦的阳光照射在她身上，我们全都感觉到了她柔和自然的魅力，一种委婉的性感。

细聊之下我们才知道，小杨注重保养，家庭琐碎的柴米油盐非但没有掩盖她本来的华彩，反而磨去了她身上的桀骜气质，让她变得更加温婉。再加上得体的衣衫搭配，偶尔的小心机性感装扮，身在我们其中，已为人母的小杨丝毫不逊色，甚至邻桌的男生都不断地向她投来欣赏的目光。

小杨爱美的心没有在枯燥乏味的家庭生活中消失殆尽，甚至更加游刃有余、怡然自得。如今的她，既带着母性温柔的光辉，又有温暖纯真的笑容，加上举手投足散发出来的风情，这何尝不是让同性与异性都欣赏的性感呢？

性感不仅仅拘泥于年轻的女性，只要你愿意，不管在任何年龄阶段，只要听从自己的内心，你都可以为自己创造许多可能。四十多岁的许晴可以，洗手做羹汤的小杨可以，站在我面前的你，自然也可以。

女人，就是要活出自己

你可以穿上自己一直想穿而不敢尝试的衣衫，你可以踏上一直向往涉足的旅途，你也可以随心所欲、不拘一格，这样的你就算是素面朝天，也一样性感撩人，让人为之着迷。

完美的性感是聪慧的，从来没有咄咄逼人的气势，亦没有圆滑世故的杂质。既聪明，又清醒；既天真，又轻熟。试问这样的性感又有谁能不爱呢？

愿你能在时间的洪流之中活出自我，听从本心，成为最美、最性感的模样。

许多女孩对于"性感"一词还停留在浅薄的认识中，认为着装暴露才叫性感。虽然性感是由这些元素构成的，但是把这些元素胡乱地搭配在自己身上，很容易生出风尘式的廉价感，效果往往适得其反。只有未经世事的初学者才觉得这些是性感的精髓。其实性感是一种高级的感官体验，真正的性感由你的阅历、你的认识、你的审美和你的穿着组合而成，如同一杯浓郁的茶，让人回味不绝。

Chapter Seven
第七章

女人不怕成熟，
就怕半生不熟

全世界只有一个你，泰戈尔说："我的存在，对我是一个永远的奇迹，这就是生活。"你如此珍贵，为什么不让自己变得更好一点？把生活过成一首诗，在任何年龄都不辜负自己。让时光沉淀在骨子里，让灵魂的芳香盈溢怀中。

Chapter Seven
第七章 /
女人不怕成熟，就怕半生不熟

第一节　富养自己，首先是经济独立

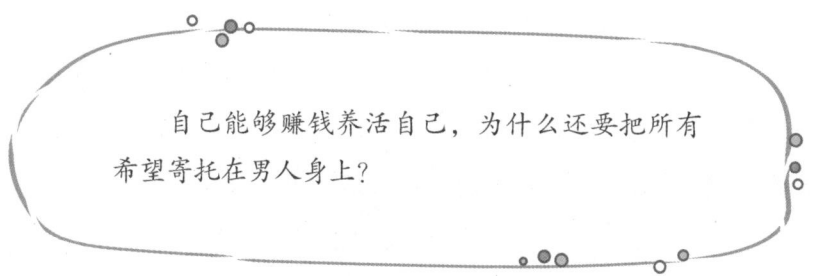

自己能够赚钱养活自己，为什么还要把所有希望寄托在男人身上？

中央电视台某法制节目中有一个案例让我印象深刻。大学生林林约20岁，家在农村，条件不算好。可大学里哪个女孩子不需要化妆品护肤品，不需要漂亮衣服？周围的女孩都是名牌包包流金水，迪奥口红SKⅡ。用便宜货会让人看不起，尤其是听了舍友"用便宜气垫会烂脸"的话，林林彻底坐不住了。她下定决心一定要用上好的化妆品，于是她省吃俭用，买了一套高级化妆品。

买完奢侈的化妆品，林林也就捉襟见肘了，然而，仅仅是一套

女人，就是要活出自己

化妆品怎么够？衣服、美拍相机、kindle电子书，这些都需要钱。看到舍友的富家男友，林林"灵机一动"。她在网上交了好几个"男友"，在学校里也有两个男朋友。她用花言巧语、谎言计谋骗男友们为她花钱，送她奢侈品。

就这么过了一年，林林的保密工作做得好，竟然一直没有被男友们发现。她也如愿过上了富足的生活，曾经连五块钱冰激凌都不舍得买的女孩，渐渐成了嫌弃一百元一杯咖啡太穷酸的精致女孩。

后来，林林觉得从男友小王身上捞的钱已经够多了，再谈下去指不定要发生什么事，就跟这个男友提出了分手。小王失恋后痛哭流涕，每天在宿舍里买醉，有人看不下去，告诉了他真相。

小王做好了和林林相守一辈子的打算，所以才舍得在她身上花那么多钱。突然听到这样的消息，感觉一道雷从脑门上劈过，他起初不肯相信，多方探测后，得知这就是真相！一怒之下，小王将林林告上法庭。最终，林林以诈骗罪被收押。

非TF口红不用，不背低于1000元的包，男朋友一定要有钱，这本不是一个20岁的小姑娘该在意的问题，青杏一样的年华，俊眉秀眼、顾盼生姿就足够甩旁人一大条街，但女孩过早地接触了本不应在这个年龄触摸到的奢侈品。

想要提高生活品质是没有错的，甚至是每个人理所应当的想法，但前提是自己有能力，没有什么比自己的钱用着更安心的了。

我的邻居陈阿姨夫妇，两口子人特别好，都是退休教师，平时还乐意辅导我家小孩功课。可惜家里的独生女把好好一个家搅得乌烟瘴

Chapter Seven
第七章 /
女人不怕成熟，就怕半生不熟

气！陈阿姨一直将女儿倩倩当宝贝供养着，倩倩从小就学芭蕾，一跳就是20年。

倩倩毕业后想去巴黎的歌剧院继续学习跳舞。最后，虽然她争取到了机会，但需要50万元的银行资产担保。陈阿姨家刚换了新房子，别说50万，就是10万也拿不出。

可倩倩闹着要去巴黎学跳舞，要陈阿姨把房子卖了。把房子卖了，老两口去哪住啊？陈阿姨不同意，倩倩就把父母告上法庭！因为当初买房子的时候，老两口心疼女儿，在房产证上写了女儿的名字。

后来经过调停，陈阿姨东拼西凑给倩倩10万元，让她去巴黎感受一下艺术氛围。如果见识过后倩倩还是想去巴黎，再把房子卖了。

倩倩拿着父母艰难凑来的10万元钱去巴黎剧院看了演出，也认识了不少芭蕾舞者。钱很快就花光了，她又不愿意回去，于是在巴黎过了一段穷困潦倒的生活。至此，她才真正明白了，以前公主一样的生活，白天鹅的梦想，都是建立在父母的付出上。倩倩羞愧难当，决定回国承认错误。回国后，倩倩在舞蹈工作室当芭蕾舞老师，后来自己开了一间工作室教小朋友跳舞。虽然没能去巴黎跳舞，她却收获了更重要的东西。

钱真的很重要，有时候我们自诩高雅，提钱就觉得俗，但经济基础决定上层建筑。一个人对待别人的态度需要很大的经济加持，甚至社会对你的态度都来自你的财力。

只有经济独立，人格才会独立。在金钱上依赖一个人的感觉是无比痛苦的，或许我们可以在感情上依赖一个人，但绝不能在

女人，就是要活出自己

金钱上被要挟。经济独立，会有更多的安全感。贫贱夫妻百事哀，几乎一大半的婚姻不幸福都是经济原因造成的，然而更加不幸的是，绝大多数人在这种痛苦中将就一生，因为她们连逃离的资本都没有。

　　经济独立的女人也许会嫁得很好，也许不会，但至少，哪怕没有男人，她们也可以活得恣意。电视剧《欢乐颂》中的安迪是个典型的经济独立女性的代表。不仅女人喜欢并羡慕她的生活与个性，男人们也很欣赏她。虽然她一样需要感情的依托，但是她依靠自己的实力主宰自己的生活，她有能力帮到朋友，也能照顾好家人。我是真的喜欢这个温柔又自信的安迪。

第二节 真公主很低调,"公主病"要治疗

> 真正被当成公主养大的女孩,往往有良好的教养和低调的品质。而那些小时候不被重视、不被深爱的女孩,才会因为各种欲望,生出一堆矫情与自恋。

我的闺密,家有本城数一数二的大企业,父母多次提出要她回公司帮忙,承诺给她换车换房子,但是她依旧在自己喜爱的教育事业上兢兢业业地工作。对,她是一名小学的语文老师。

如果不是有个学生突发急症,她让她的司机赶紧送孩子去医院,没有人发现这位老师竟然还有私人司机。

当初她高考失利,进了一所贵族私立大学,但她从来不跟人家

女人，就是要活出自己

比吃穿，其他女生经常出去吃喝玩乐，她从不这样，尽管她有公主般的生活，最有条件买买买。

暑假的时候，她想挑战自己，报名参加了一个街舞班，她几乎每天都要去街舞班集训，并立志参加年底的街舞比赛。她并不是舞蹈专业，街舞对她的体能也是个挑战，但年底的街舞比赛她如愿拿到冠军。后来，她不仅参加了学校的大型演出，还参加了各种街舞的活动，并因为这个特长开拓了自己的视野，认识不同的朋友，生活也更加精彩。

闺密说，当她发自内心想要做成某件事时，内在的驱动力支撑着自己，无论遇到任何困难和挫折，都能坚持到底。

你看，真正努力的姑娘都很低调，因为她的努力不是靠外界给予勇气和信心，而是能自己给自己加油。

这也是一个特别有趣的现象，就是那些真正的公主，从来不在别人身上寻求存在感，她们优雅自信，温柔而有力量，她们对自我有高要求，也善于用自己的力量温暖别人。她们的人格足够完善，以至于能影响其他人，让周围的人也变得谦谦有涵养。她们的低调更多时候是一种强大，对世界永远谦逊而保持好奇，对别人礼貌而善于交往。她们在自己身上寻找存在的意义，她们最懂得存在于这个世界上，只有自己能为自己找到答案，所有依附于别人的夸奖都不是自己的能力。

"公主病"并不是公主的专利，而是如今很多姑娘都可能患上的病，她们的自信心过盛，虚荣心太满，梦想获得公主般的待遇，习惯受人呵护，以自我为中心，意志力差，沉迷幻想，做错事情就

Chapter Seven
第七章 /
女人不怕成熟，就怕半生不熟

推卸责任等等。公主病并不限于年轻姑娘，有些中年女性也只长年龄不长心智。

也许每个姑娘的心里都住着一位公主，只有闪亮的蓬蓬裙才衬得起一次浪漫的邂逅。即使是灰姑娘也没关系，那镶了万颗水晶的公主裙、璀璨的水晶鞋，会带你走向幸福。

然而大多数童话故事里的"公主"，都要依靠王子才能过上幸福的生活。小时候看过的童话故事，总是用"从此王子和公主过上了幸福美满的生活"来结尾，就误以为公主一般的宠爱、美妙的生活，都应该是别人给予的，自己只要等待就好，因为天命不凡，王子注定会降临。

后来发现，不管嫁没嫁给王子，不管是不是王室的女儿，不管有没有高贵的身份、漂亮的脸蛋、华丽的裙子，动画片里的那些姑娘们都被称为"公主"——因为她们有一颗怜悯而坚韧勇敢的心。

童话故事的重点并不是炫耀华丽奢侈的上流生活，而是赞美她们拥有公主般高贵优雅的气质、发自内心的善良，以及无论世事如何，都不被影响的坚定初心。

我有一个远房姐姐，她是千恩万宠的公主，家庭条件非常好，父亲是某个大型集团的董事长，只有她一个掌上明珠。即使她不做任何事，一辈子都是衣食无忧的。虽然她含着金汤勺出生，但是平日里的作风却非常简朴，衣物不求奢侈华丽但求大方得体，生活不求安逸享乐但求充实上进。

姐姐的男朋友是她的大学同学，毕业后又是同一家设计院的同事。结婚是人生大事，家里当然是豪车、房子作为嫁妆，但是姐姐并没有骄傲，依旧选择住进丈夫买的房子，和婆婆一家人共同生活在一起。这房子只是市区普通的三房二厅。他们偶尔请钟点工来打扫卫生，平日里都是姐姐和婆婆下厨，婚后姐姐看起来气色很好，脸上洋溢着幸福，她很喜欢这种朴实的其乐融融的生活方式。

我有一个朋友老来得女，因此对女儿非常宠爱，总想尽最大的努力让女儿过上优质的生活。高中时，女儿想去日本留学，于是他送女儿去了日本，在日本待了一年，她又想去美国留学，于是又在美国待了三年，后因与一个国内的男朋友网恋，放弃学业回国了。

朋友的女儿之前在家里娇生惯养，到了婆家什么事情也不会做，这让婆婆非常生气，时间久了，婆家人对女孩非常不满意。有一次竟然挑刺说女孩洗澡都洗不干净，脖子上都是泥。为了能维持女儿的婚姻，朋友常去女婿家笑着赔礼，可即便是这样，结果还是非常糟糕。

有一天，在女儿家，婆婆直白地指责我的朋友："真不明白你是怎么教孩子的，这姑娘太不懂礼貌，又自私，什么都只顾自己！"顶撞老人和懒散还不是最大的问题，因为不想要孩子，她居然瞒着家里人私自堕胎了！可想而知老公的失望和婆婆的愤怒。

一个不顾对方感受的姑娘是何其自私。

朋友总觉得把自己最好的都给女儿才是对女儿爱的表达，不舍得让她受到半点委屈，可这种做法却百害而无一利，只会让已经成年的女儿在心理上永远长不大，一身公主病招人嫌。

富养女儿不是在物质上给她最好的，也不是凡事都顺着她，不

Chapter Seven
第七章 /
女人不怕成熟，就怕半生不熟

让她受一点委屈。真正的富养是教会她做人的道理，让她知道生活的本来面目，让她学会适应社会，有自力更生的能力。

无论何时，一个物质和精神都富有的女孩，才会成为一个有担当的人，才会懂得怎么适应这个世界，怎样在这个世界更好地绽放自己。

女人，就是要活出自己

第三节　毒舌利嘴的女人并不可爱

> 蔡康永的《说话之道》书中有一句话："你说什么样的话，你就是什么样的人。"所以，没有一个心智成熟的女人，会用刀剑一样的语言去攻击别人，只有不够成熟的人才会控制不住自己的情绪！

有人说，刀子嘴的人其实都有颗豆腐心。有些人直性子，没心眼，虽然嘴巴厉害，但是人还是善良的。

但实际上，这简直是强盗逻辑，比王婆卖瓜还让人讨厌。肆无忌惮脱口而出很伤人的话，然后再补上一句"我这个人，就是刀子嘴，你别在意""我这么说都是为了你好"，就好像解释完毕了，丝毫不考虑被伤害者的感受。

Chapter Seven
第七章 /
女人不怕成熟，就怕半生不熟

我曾经看过一个真实的例子。一对除了男友其他都能共享的好闺密，其中一个嫁得好，另一个还是单身。嫁人的女孩为人豪爽，出国旅游会给闺密带礼物，出外吃饭会抢着买单。可是，单身的女孩却转过身在一个朋友聚会上说自己的闺密胸大无脑，钱多人傻。随后，这话被人传到嫁人的女孩耳朵里，友谊的小船说翻就翻了。

脱口而出的话是她心里嫉妒的真实想法。口由心生，当她说出这样的话时，她的心也就暴露出来了！

什么样的人会是刀子嘴、豆腐心的女人呢？

第一种是自我价值感低的人。这一类人通常不敢直视自己内心脆弱的一面，更不愿意将其展示给旁人看。当她们遇到危险时，首先考虑的是自己紧张焦虑的状态，不顾别人的感受，像刺猬一样，用坚硬的刺保护自己，不考虑别人会不会被扎伤。

第二种是一味争强的人。社会对这类人灌输的思想让她觉得自己必须在人前展现坚强的一面，不能犯错。一旦有错误发生，她们的第一反应是将错误归咎于别人，以保证自己不受牵连。

第三种是心智不成熟的人。我家小区的刘阿姨，嘴上功夫极其厉害，隔着墙都能听见她同别人争执，声音铿锵有力，如同惊日春雷一般。

有一次，一个小商贩在楼底下卖菜，刘阿姨刚好在楼下遛弯看见了，就上去挑菜，顺口问："你这菜都是打了农药的吧？"

小商贩连忙笑着说："没有，没有，这个菜是自家种的。"刘阿姨不依不饶："你看，这叶子上一个虫眼都没有，肯定是喷过药的！"

女人，就是要活出自己

　　小商贩还没开张就被人劈头盖脸说了一通，心里自然不乐意了，两个人在楼下就你一言我一语地吵了起来。

　　当然心智成熟不可能是一蹴而就的，它是一个人生磨炼的过程。遇事不冲动，不感情用事，再紧急的事也要考虑周全再说再办；多顾虑别人的感受，办事给自己、给别人都留有余地；与长辈多交谈，多听听别人的意见，以及勇敢接受失败，勇敢承认错误等等。这些都是成长、成熟的开始。

　　刀子嘴、豆腐心的人不仅自己难受，也会给他人造成伤害。那怎样才能改掉刀子嘴、豆腐心呢？

　　当然是要认识到自己的错误，当习惯性说出指责别人、伤害别人的话时，要有意识地探索自己内心到底在想什么；自己的想法和说出来的话、做出来的事是不是不太相符。在用激烈的言语指责对方的时候，探究内心真实的情绪，反省一下自己被人这样伤害会不会难过！

第四节 教养是一种由内而外的魅力

教养,是一个女人最美的名片,它隐藏在看似微不足道的小事上。靠任性获得关注注定不会长久,而靠教养收获的眼神,无论岁月如何变迁,每当人们想起仍会对你赞不绝口。

娱乐圈几乎所有人都会认同一个人的教养,那就是林志玲,因为她永远是温柔地照顾人,即使有记者恶意问她难堪的问题,也会被她四两拨千斤的微笑着一带而过。有教养的女人在平和的岁月里会格外温柔,强大的内心熔炼温柔的气质,她们在灵魂里散发芳香,在淡雅中格外风情。因此,也就有了一个女人最好的模样:内心温柔强大,脸上不见风霜。

好友和他的女朋友是在一次聚会时认识的,女生长相、身材都不出众,却因为一些小事让好友瞬间心动。

女生和闺密一起吃冰糖葫芦,吃完后,她将两根签子折断,用纸巾包起来后才扔到了垃圾桶里。

餐桌上,不管是服务员过来点单还是上菜,女生都会认真地道谢。

相比于其他桌子上堆满的纸巾和渣滓,宛如灾难现场,而女生那一桌总是整洁——走前她将桌面稍微清理一下,用餐巾纸把桌上的污垢擦去。

在服务员向她们说"谢谢光临,请慢走"时,女生微笑着冲她们点了点头。

"她向服务员微笑和道谢时的样子,很迷人。"好友这样说。

有些行为和语言,没有人或法律规定你一定要这样做或者那样做。你可以选择不做不说,但当你做了说了,你便比别人多了一份优雅与教养,而这份优雅和教养就是一个女人不会丢失的财富。

教养是一种由内而外的魅力,无论是少女,或是已经两鬓斑白的老年女性,都可以拥有。说到底,我们的内心能够决定我们外在的表现,就像种子能够决定果实一样。

反过来看,没教养的女人总觉得自己高人一等,对贫穷的人是满脸的鄙夷,而对有钱人趋炎附势格外讨好,会话中带刺,我行我素,根本不考虑别人的感受。

没教养的女人见不得别人比自己好,一旦发现别人比自己好,就会想方设法来陷害别人,而不是自己努力做到更好。

她们甚至不尊重老人,对老人指手画脚,恶言相对。这样的女

Chapter Seven
第七章 /
女人不怕成熟，就怕半生不熟

人，我们想想就要皱眉头，她们的种种行为不过是心智不全的表现罢了。

丽丽的母亲早亡，只剩下她和父亲相依为命。当她长大了进入职场才发现，原来自己很多习惯都如此不得体。公司员工一起聚餐的时候，她把喜欢吃的都放到自己面前，并觉得这是理所当然。因为在家里，父亲一直把最好的东西放到她面前，就算是一块五花肉，她也只吃瘦肉而父亲吃肥肉。

同时跟着父亲的习惯，她吃饭时吧唧嘴。直到被人叫到旁边偷偷说了两句，她才意识到这些行为有多么不得体。

自此以后，她就努力观察自己和旁人不一样的地方，一步一步地改变，不仅生活习惯上有了进步，在心灵上和对人的方式上也有了提升。

有教养的女人不一定家世优秀，但一定会在日常生活中不断丰盈自己，她们懂得，心灵的纯净与善良，才是自己一辈子应该珍惜的无价之宝。

女人，就是要活出自己

第五节　外表清纯，骨子里要睿智

> 人生短短数十载，最要紧的是满足自己，不是讨好他人。至少你在对别人好的时候要量力而行，适当地保留自己的利益，在爱人的同时也不亏待自己。

有个例子我在不同场合讲过多次，因为那个女孩的睿智刷新了我对95后的认识。

这个女孩叫小叶，家里条件不好，父亲残疾，母亲做保姆，有一个还在读高中的弟弟，父母希望她高中毕业后能够早日工作赚钱以贴补家用。

但是，平时温顺的女孩却和父母据理力争，坚持要上大学，她

Chapter Seven
第七章
女人不怕成熟，就怕半生不熟

说自己可以申请助学贷款，也可以勤工俭学，不读大学怎么能有更好的工作，怎么挣更多的薪水呢？最后父母也只有同意。

进入大学后，小叶很争气，从不伸手向父母要钱，靠奖学金和业余打工来维持生计。毕业后她找到了待遇不错的工作，并且还继续读了硕士。现在她已经能给家人提供很好的生活了。每次回想往事，她都很庆幸自己当初的坚持！

这个例子告诉我们，在不损人的前提下，坚持适当的利益是很重要的，如果小叶没有为自己争取读书的机会，怎么会找到现在的工作，怎么能让父母和弟弟过上今天这样舒适的生活呢？

要知道，在多数中国人的思想里，舍己为人是一种无私的精神。小叶年纪那么小就知道权衡一件事的利弊，从而选择了一条从长远来看对自己和家庭都有益处的道路。

我认识的另一个女孩就没那么聪明。她自己平时省吃俭用，为她喜欢的男孩花钱却毫不心疼。为了表示自己想和男孩在一起的决心，她和男孩贷款买了一辆十几万元的车，男孩要求车子写自己的名字，她也爽快地同意了。其实她参加工作只有三年，根本没什么积蓄，买车让她生活更拮据了，更何况车子还要加油、要保养。

可是，男孩并没有因为这辆车而对她感恩戴德，不久他爱上了别人。女孩欲哭无泪，懊恼自己人财两空。如果在付出的时候能为自己多考虑一点，至少不会输得那么惨，不是吗？在能力没达到的范围，千万别逞强付出太多，当你竹篮打水一场空时，就会懊悔当初没有多考虑一下自己的利益了。

对于许多女孩来讲，谈恋爱就是一次风险投资，她们最大的风

女人，就是要活出自己

险之一，是被爱情冲昏了头脑，自我牺牲太大。据说有的女孩还会资助男朋友买房，到最后钱没了，房子里也住进了别的女人。

我建议女孩们千万别做无效投资，男朋友可没有银行的存款可靠，他长着脚，可能还有一颗不安分的心。又或者有一天你发现眼前这个男人根本不适合自己，那时看着自己的零存款，甚至负债的存折，你难道不会后悔昨天毫无保留地付出与牺牲吗？

为什么要让自己那么委屈呢？真正的爱从不靠委曲求全得来。女人应该利己一点，第一个月的薪水不是给男人添购新衣，而是报名参加计划已久的瑜伽课程；不帮男朋友赶一篇重要的报告，而是去参加朋友的聚会；不给男朋友买名贵的手表，而是让自己的账户又多一笔不小的积蓄。能够做出这种选择的女人，才是善待自己、善于投资的聪明姑娘。

女人最好的样子就是脸上不见瑕疵，而心灵是深邃到浩瀚无边的星空。这样的姑娘，在浮世间能看得清是非黑白，不会人云亦云，不会被别人左右自己的思想。

Chapter Seven
第七章 /
女人不怕成熟，就怕半生不熟

有女孩问我：在乎一个人，迁就他，对他太好，有错吗？

我说：对一个人太好，就意味着对自己不好，你努力讨好和迁就的样子会让人觉得很难堪、很廉价。

一个人若要活成别人眼里的样子，不仅委屈自己，也看轻了自己；别人会认为你这么没有原则，这么怕我生气，肯定是你不够好，是我比你强！所以，刻意地取悦与讨好是得不到别人真正的喜欢的。

Chapter Eight
第八章

从此只做女主角，不做路人甲

> 每一个不快乐的姑娘,都是弄丢了自己,迷了路,找不到自己的目标。但只要辨别了正确的方向,知道自己想要的是什么生活,勇敢地向前走,终会柳暗花明,艳阳高照。

Chapter Eight
第八章 /
从此只做女主角，不做路人甲

第一节 做一个有形象也有实力的女主角

几乎每个姑娘都有公主梦，但公主总要老；几乎每个姑娘都想做女王，但有几人愿奉你为王？

算了吧，其实每个姑娘最终该做的是——骄傲地做生活的主人，做一个有形象也有实力的女主角，这就够了。

做女主角，就要有女主角的理想，然后为这个理想奋斗在自己规划好的道路上。比如，我20岁的时候就想着未来能有一间属于自己的书房，终于在30岁的时候，我拥有了它。在书房里，我可以放空或是放肆，可以发呆看小说，也可以认真工作。

小昔就读于某重点大学，金融专业，毕业后在一家投资公司上班，月薪不低。业余时间，除了搞基金定投之类外，小昔还做讲师，给一些公司上课和线上开课。这样，小昔每年的收入基本都在20万元左右，对于一个单身姑娘来说，这收入简直就是土豪级别了。

女人，就是要活出自己

小昔的男朋友小孟是一所大学里的老师，每个月固定工资5000元。他们俩的收入比起来，简直就是一个在天上，一个在地下。

小昔和小孟结婚后，住在租的房子里。很多人都为小昔感到惋惜，一个能赚钱、颜值并不低的女人，怎么就找了一个平凡得不能再平凡的穷老公呢？

小昔说："钱我自己能赚，面包我自己能买，他只负责给我爱情就好。"

婚后，小昔继续做叱咤职场的风云人物，小孟继续在大学任教。女儿出生后，小昔全款买了一套房子，新房子周围环境很好，女儿由小昔母亲帮忙照顾。

周末，小孟推着女儿，背着奶粉，在湿地公园里玩。小孟的奶爸做得很合格，他照顾女儿无比温柔，女儿经常冲他微笑。半夜女儿哭闹，第一个翻身起来的人永远是小孟，家里米面油的锁碎事也是小孟操心。

小昔说："没有十全十美的人，有长处就会有不足。既能赚钱、又能顾家、还受人尊敬，这样的人应该只在天上有。"是的，小昔说得很对，没人是十全十美的，靠人不如靠自己。

我经常会收到一些姑娘的来信，咨询情感问题，有不少姑娘的难题都是：男朋友出国，我要不要一起去？两地恋爱，男朋友让我放弃工作去他那里，我要不要去？

我基本上会很刻薄地回复她们，没有人会一辈子对你负责，除了你自己。每个人的命运都只由自己把握，我不觉得你需要为一段感情放下现在的工作。

Chapter Eight
第八章
从此只做女主角，不做路人甲

每个女人都可以活成自己，不一定非要做豪门，但一定能养得起自己。这样的女人，有自己独立的价值观，不受人摆布，不被人冷脸相对。任何时候，她都既有女性的柔软，也有男性的阳刚。成功时，能接受别人的赞美，能捧得了鲜花；失败时，能接受别人的诋毁，能调整方向重新出发。

我对北京电视台第三季《跨界歌王》栏目中的徐静蕾印象深刻，当时老徐穿白色裙搭配白色球鞋，引发了全民有关青春的"回忆杀"。

徐静蕾在《低压槽：欲望之城》中饰演最强女反派。剧中的她一头金发，演活了神秘大 BOSS。演技炸裂，让我们看到她身上的一种女流氓气质。

20 年过去了，她还是那个有才华的她，并没有衰老，反而成了传奇。凡是感兴趣的事情，她都一一尝试，她演电影、拍电影、写书法、主编网络杂志，又跑到英国游学，还玩起了手工。人生经历不但丰富，还很有趣。

在一个电视节目中，蒋方舟问："会不会排斥别人给你贴的'才女'标签。"

徐静蕾漂亮地说："我从来没觉得自己有才华。"

徐静蕾是一个低调的人，在外人看来，她获得了如此成就，是值得骄傲的事情。但对她来说，这一切如同吃饭穿衣一样简单。即使命运给她一个坑，她也微笑地跳下去，之后，再努力爬出来。

生命给她什么，她就享受什么，从不多问，从不抱怨。她始终觉得一个女人最大的成就并不是挤进富豪榜，穿限量版的衣服，而

女人，就是要活出自己

是去做喜欢的事情，扩充生命中某个领域的空白，用坚韧的姿态对抗无情的岁月，用平和心态接受命运的馈赠。

从徐静蕾的身上你不得不感叹，当一个女人拥有自己的掌控力，有自己的爱好和事业，那么从容就是岁月赋予她的礼物。

闺密妙妙原来在一家大型公司担任企划总监一职，小宝贝降临后，她不想错过孩子的成长，于是她果断辞职，孩子断奶后，她成了金牌育婴师。

妙妙还精通花艺、茶艺、美容、瑜伽、品酒、烘焙等，这些元素提升了她的档次，使她的生活丰富起来。

生命中的每一个过程，妙妙都很享受、珍惜。久而久之，她身上有一股强大的气场，这种气场令你觉得，妙妙优雅如鹿，美丽动人，从容淡定，不卑不亢，有一定的胸怀和境界。

在妙妙的人生字典里，从来没有办不到的事情，命运给予的美好她小心收藏，命运给予的坎坷她努力去面对。她是个勇敢的姑娘，喜欢什么就去做什么，即使没时间，她也能挤出时间。

你也可以做这样的姑娘，就如徐静蕾和妙妙，每一天过得充实而有趣味，有自己的原则，有自己的信仰，有自己的价值，从不人云亦云，始终保持学习的能力。终有一天你的努力会得到回报，你将成为自己舞台的女主角，实现梦想，为自己而活。

Chapter Eight
第八章
从此只做女主角，不做路人甲

第二节　有漂亮的思想，才有漂亮的人生

最近与一个朋友喝下午茶时说起另一个朋友珍珠的故事。珍珠的脸上总是洋溢着自信，眼神里满满的坚定，浑身散发着光芒。

珍珠朝九晚五地上班，上下班高峰期挤地铁，也会隔三岔五地出差。孩子在上幼儿园，老公的工作比她还要繁忙，照顾孩子这个艰巨的任务只能落到珍珠的身上，她并没有抱怨老公不管孩子，她清楚老公特殊的工作属性。

每次见珍珠时，她都是一道亮丽的风景线，穿着得体，妆容精致，谈吐如兰，给人舒服亲切的感觉。仔细看，珍珠并不漂亮，但她身上的气质令人着迷。尽管没有漂亮的脸蛋儿，但她活得足够漂亮，她有让自己的生活精致而美妙的本事。

她热爱运动，周末会和孩子一起去跑步。她经济独立，有自己的厨艺学习班，承包了孩子所有的学习、生活费用。

女人，就是要活出自己

她很自信，脸上的笑容如阳光一样温暖。她懂得内外兼修，喜欢阅读、瑜伽、旅行、学习新技能。无论多忙、多累、多无助、多迷茫，她每天都会按时完成自己给自己定下的任务。

电影《朱莉与朱莉娅》中，朱莉曾在法国生活过一段时间，她写了一本美食书，而隔代的美国女孩朱莉娅根据她的书来——实践，并发表在博客上，结果拥有了大量的粉丝，人生也变得美好而有趣。

影片中两个人都是独立而精致的女孩，做事很认真，心藏梦想，一路努力，最终成就了最好的自己，她们都是活成主角的人。

在乡下，我有个远房表婶，相貌一般，身材一般，比起村花，表婶差远了。然而，表婶的气质独具风格。

去地里干活，表婶穿一双碎花小布鞋，干完活回家，立刻换一双干净的拖鞋。家里收拾得整整齐齐、干干净净。她喜欢把野花插进瓶子里，放在饭桌上。表婶干活麻利，不扯八卦，在人群中绝对是一道靓丽的风景线。

表叔去外地跑长途汽车，一年回来两次。表婶内外操劳，却没有任何怨言，一个人照顾老小，依然把生活过得有声有色。表叔不由得对她刮目相看，自叹能娶到表婶是自己上辈子修来的福气。

独立的女子，任何时候都是最美的，岁月从不为难她们，生活亦不刁难她们，命运会给予她们最好的，所有的期待都不会落空，所有的梦想都会实现。

网上有段话，你的漂亮是你的资本，但绝不是用来炫耀的。漂亮不能当饭吃，你一定要学会让自己立足社会，保持经济独立，不

Chapter Eight
第八章 /
从此只做女主角，不做路人甲

要想着去依靠别人，记住好好爱自己，让自己强大起来，你才可以更有魅力。

刘若英首部导演的作品《后来的我们》热映，让刘若英又火了一把，到达事业的巅峰。

刘若英曾是娱乐圈中的大龄剩女，但她从不着急把自己嫁出去，单身状态很好，很充实，很有趣。刘若英遇到钟石也是因为她的好心态。

2006年，她正在拍摄电影《心中有鬼》，导演是滕华涛。滕华涛问她："你人这么好，为何没男朋友呢？"刘若英回答："你说得对！如果遇到合适的人选，给我介绍。"

2010年，滕华涛把钟石介绍给刘若英。2011年8月8日，他们交往的半年后，在北京领取了结婚证。

结婚前，刘若英对钟石说，婚后的她决不会在家里做全职太太，她还是会和往常一样，工作、唱歌、演戏、写作，哪样也不耽误。

刘若英曾问钟石："娶了一个有很多兴趣爱好的老婆，会不会觉得很亏啊？"

钟石回答她："就是因为你这么丰富、这么有趣，我才娶你的；如果把你娶回家，你就不干这些事了，只在家里给我洗衣做饭，我才觉得亏了。"

在娱乐圈，刘若英就像红茶一样，浓而不腻，喝了一口还想再喝第二口，喝完之后，满嘴余香；也像风中的芦苇，不管风有多大，吹过之后，始终坚挺如松。

女人,就是要活出自己

红了 20 年的刘若英,从单身代言人,到幸福妈妈,从歌手、演员、作家,再到导演,始终那么努力,那么优秀。

刘若英曾在她的著作《我敢在你怀里孤单》中描绘自己和钟石婚后的生活。两个人一起出门,去不同的电影院,看不同的电影。两个人一起回家,进家门后一个往左,一个往右。两个人有各自独立的卧室和书房,共用厨房和餐厅。

婚后的刘若英很幸福,这得益于她的能力和智慧。不管写作、唱歌、开演唱会、拍电影,刘若英一直在努力,她始终相信爱情,然后,嫁给了爱情。

这些年,刘若英一直在努力提升自己,在不同的领域扩展自己,将自己的能力发挥到极致,用作品证明自己。在她一路开挂的人生背后,藏着她的努力和坚持。

每个女孩,在任何时候都要做自己。活出自己生命光芒和华彩的女人,这一生都会过得很美好。当然,不要忘记提升自己,跟上时代的步伐,因为只有不断学习新技能的姑娘才不会被社会淘汰。

Chapter Eight
第八章 /
从此只做女主角,不做路人甲

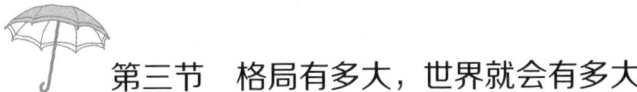

第三节　格局有多大,世界就会有多大

　　董卿是中央电视台的当家花旦,事业风生水起。当人人都羡慕她的成就时,她赴美国留学一年。很多人都为董卿的选择唏嘘不已,觉得她不该在事业如日中天的时候选择离开,因为回来就很难再有一席之地。

　　从美国回来的董卿,以致敬文学的方式再次回归大众的视野。这一次她的身份也发生了改变,从主持人到制片人,董卿的华丽转身让观众朋友们更加喜欢她。

　　从《中国诗词大会》到《朗读者》,董卿惊艳了众人。无论是她扎实的文学功底,还是让人亲切的主持风格,或者是她自身的优雅和修养,都让观众不得不为她倾倒。

　　董卿的这些成就皆来自学习。她是出了名的阅读达人,忙完一天的工作,不管多累、多困、多倦,她都会安静地读上几页书。对

女人，就是要活出自己

董卿来说，这世上最高贵的投资就是阅读。

学习是董卿的乐趣，也与她的成功密不可分。没有一个人能随随便便成功，特别是女人，想要在这个功利的世界站稳脚，做出一番事业，就要去平衡事业和生活。

董卿的事例告诉我们，一个女人永远不要停止学习。你所学习到的新技能、读到的经典句子、看过的精彩电影、游览过的秀美山川，都会变成你的人生经历。很多时候，它们会丰富你的人生，陶冶你的情操，修复你的内心，成就你的未来。

所谓格局就是谋篇布局的能力和严谨的计划，体现的是一个人的眼界和气场。

范范是朋友界出了名的旅行达人，三年时间，走了两百多个国家。每从一个国家回来时，总会带回这个国家的明信片。

初中上完，范范就去新西兰留学，寄宿在华人董姐家里。习惯了新西兰的生活，也熟悉了周围环境后，范范便自己独立生活。

她通晓五种语言，英语、德语、日语、韩语、挪威语。几年的游学经历令她的视野宽广，也扩大了她的格局。范范的见识、格局、修养、丰富经历，让她光芒万丈。

有一次，范范去了挪威，在那里小住了些时日，学会了滑雪，还学会了制作挪威美食，烟熏三文鱼和海鲜热狗是她的拿手菜。一回国，范范就邀请关系很好的朋友到家里做客，一桌子的挪威美食，还配有挪威美酒——阿夸维特酒。范范的厨艺让众人惊艳，纷纷给她点赞。大家边吃边聊，而主角自然是范范。

后来，范范结婚了，对象是当地出名的黄金单身帅哥，帅哥对

Chapter Eight
第八章 /
从此只做女主角，不做路人甲

范范很宠爱。大家都纷纷感叹范范命好，嫁了个英俊多金的男人。殊不知，范范和帅哥在这段爱情关系中是平等的。范范自身优越的条件足以让她遇到一个完美的男人，她所得到的一切美好，都与自身的优秀分不开。

有格局的女人往往活得很漂亮，成功总会眷顾她。一个女人情商高不高不重要，重要的是格局一定要大。

第四节　单身要快乐，婚姻不将就

我的朋友年小年离婚了。

年小年32岁时生下儿子，离婚时儿子刚满4岁。本该是一家人其乐融融，没想到遇到了一个强势的婆婆。刚生下宝宝时，月嫂给宝宝洗澡，婆婆不让，怕冻着孩子；她要吃个水果，婆婆也不让，说会让吃母乳的孩子生病。年小年的丈夫不但没有安慰委屈的媳妇，还听从母亲的话，总是指责年小年不孝顺、不尊重长辈。

丈夫很爱年小年，唯一的缺点就是他是个妈宝男。年小年不愿意和老人挤在一起，几次提起让婆婆每周来看自己一次，结果，丈夫毫不犹豫地拒绝，理由竟然是有妈的地方才有安全感。

想到孩子进幼儿园前还是让婆婆带，这样自己会有更多的时间处理其他事情，年小年忍气吞声与难缠的婆婆生活在同一个屋檐下。但婆媳关系日渐突出，矛盾到了不可调和的地步。比如，婆婆总吃隔夜饭，她若把剩饭菜倒掉，会被骂不会过日子、败家；让婆

Chapter Eight
第八章 /
从此只做女主角，不做路人甲

婆吃剩饭菜，她又会被骂不孝。给婆婆讲吃剩饭菜不健康，婆婆就是不听。

婆婆爱财如命。大夫指出年小年奶水不足，要适当加奶粉混合喂养。婆婆嫌奶粉太费钱，坚决不同意混合喂养。为此事，年小年与婆婆吵起来。婆婆添油加醋，在儿子跟前告了年小年的状。年小年的老公不问青红皂白，抓起她的手机摔在地上。

年小年心寒透顶，第二天就摔给老公离婚协议书，自己带着孩子搬了出来。

离婚后，孩子由母亲和保姆帮忙照看，年小年重新走入职场，做一家药品公司的品牌总监，努力赚奶粉钱。

年小年在工作上是很能吃苦的，比一般人勤奋，也有很强的品牌策划能力，她策划的几个公司活动影响力巨大，因此她的薪水也很丰厚。

她的业余生活也安排得满满的，除了固定的亲子时间之外，她还请了健身私人教练来指导自己健身。健身后的她更加神采奕奕了，看上去比同龄人还要小几岁。满满一个正能量的元气女主角，把自己的日子过得风生水起。

同一公司的小伍，小鲜肉一枚，比年小年小五岁，非常喜欢年小年，对年小年展开热烈追求。即使知道年小年离婚带娃，也依然对她爱心满满，发誓要带给年小年美好的生活。小鲜肉凭着每天的爱心早餐、出色的业务能力，以及对年小年的各种帮助，终于打动了年小年。

年小年离开前夫的最主要的原因是，前夫像没断奶的孩子，年

女人，就是要活出自己

小年始终是那段婚姻关系中受委屈的一方。因此，年小年告诉小伍，自己不担心他年龄小，人主要是要有担当、心理成熟。年小年还特意强调，结婚后一定要有自己的空间，不和长辈住一起。

小伍的父母都是知识分子，完全尊重他们的想法。年小年也想明白了，人生哪有那么多时间浪费在鸡毛蒜皮上，爱就爱了，那就再结婚吧。

在新的婚姻关系中，年小年与小伍生活有爱平等，工作上志同道合，一家人快乐得很。

年小年不仅活成了自己生活的女主角，也成了丈夫心中最完美的女主角。

"越是没有人爱，越要爱自己。人真的要自己争气，做出成绩来，全世界都会和颜悦色。"一个女人光鲜亮丽的时间就那么几年，何必处处委屈自己，让坏情绪缠身，处处看别人脸色做事呢？如同年小年，不离开错的怎么能遇到对的？不从地狱中跳出来，怎么能触碰到真正的快乐呢？

亲爱的姑娘，一生漫长，总要经历一些磨难才会成长，变得强大。即使你在泥沼里，也要学会好好爱自己，因为只有这样，才能被生活温柔相待。

Chapter Eight
第八章 /
从此只做女主角，不做路人甲

 **第五节　你可以不成功，但你必须成长**

在热播电视剧《我的前半生》中，唐晶是一个工作能力出色的女人，有自己独立的价值观念，在职场中披荆斩棘。她不婚不嫁没孩子，虽然她与贺涵保持着一种相互陪伴的关系，但是在工作面前，这份情感是可以让路的。

当贺涵爱上闺密时，唐晶没有太伤心，在她心中排第一的永远是工作，她与工作是正当的恋爱关系。

唐晶说："一旦你开始工作了，这就相当于是开启了闯关游戏的大门，你要去找你的同伴，你可以信任他，但是不能依赖他。"

米小宝是个工作狂人，每次出去应酬，她都是以白酒敬客户，整场应酬下来，往往是客户乖乖地签了合同。米小宝不怕加班，工作之外的时间都会去充电。

女人，就是要活出自己

  米小宝的座右铭是："今天不努力工作，明天努力找工作。"
  平时，她爱泡图书馆，她说出的话几乎都带有哲理性，但这些皆为工作铺路。米小宝现在拥有的一切资源、体面、财富、自由、物质，都是靠自己赤手空拳一路打拼下来的。刺激她努力工作的是贫穷。
  几年前，米小宝的父亲病重，无钱看病，米小宝东拼西凑借才借到一万元，勉强给父亲交了住院费。如果当时米小宝有钱，她完全可以给父亲用最好的进口药。可惜她缺钱，钱限制了一切，也阻断了亲情。
  从那之后，米小宝发疯似的赚钱。她主动申请做业务员，逼迫自己多赚钱。她很害怕有一天，母亲也因为缺钱而变成她的终身遗憾。
  米小宝牺牲掉所有的休息时间，一门心思扑在工作上，无论是广告提成，还是年底的盈利分红，米小宝遥遥领先于其他同事。靠着努力工作，她不但拥有了自己的全款海景房，还有一家身处繁华地段的酒吧。
  我佩服米小宝身上的那股韧劲，身上自带的女主光芒足以照亮全场，不管走到哪里，走路带风，说话有底气。米小宝再也不用为钱发愁，买东西从不看标签，给妈妈买房子，带她去欧洲游，快乐而温馨。
  所以，你说为什么要努力工作呢？
  因为所有的付出里，只有努力工作，才会让你对生活和爱情有

Chapter Eight
第八章 /
从此只做女主角，不做路人甲

主动选择权，这是身为一个大女主必要的底气！

就如网上的一段话：当站在我爱的人身边时，不管他是富甲一方，还是一无所有，我都可以张开手坦然拥抱他。他富有，我不用觉得自己高攀；他贫穷，我也不至于落魄。

女人，就是要活出自己

第六节　岁月往前走，女主角不怕老

> 谁说年纪大了就注定要当糟老太太，只能去跳广场舞或赋闲在家？生命要像夏花一样灿烂，每一个当下都可以是你最好的黄金时代。

你是否发现，真正的美人是不怕老的。比如林青霞，20岁是青春的美，40岁是英气的美，而现在她依旧是美的，一种从容优雅的美。

但多数女人怕老，所以把各种玻尿酸早早打在脸上，结果是面目全非，找不到一丝有灵气的样子。

你敢不敢想60岁的你会是什么样？白发苍苍，身材走样，生活就是重复的"买菜做饭带孩子，打牌聊天晒太阳"，一个生活千

Chapter Eight
第八章
从此只做女主角,不做路人甲

篇一律的老太太?

我当然是要选择做自己的女主角,依然要活得精致、活得漂亮!

幸而,始终有一小部分女人在用自己的传奇向人们证明:年龄永远只是一个数字,美丽全由自己做主!

即使皱纹爬上眼角,长发褪成银色,美丽也不曾被岁月抹杀。比如已经年过花甲的美女 Cindy Joseph,是世界范围内最红的超龄模特,即使两鬓斑白,也能飘逸优雅得让人着迷,即使是和二三十岁的姑娘合照,她也是气场最强的女王。

Cindy 年少的时候似乎很普通,工薪家庭,也没有很好的背景。只因为自己对美的热爱,年轻的她决定做一名化妆师,因为这里离美更近一点。在这期间,Cindy 过着平凡的生活,和其他平凡的姑娘一样谈恋爱结婚,并有了一双可爱的孩子。

但这份幸福并没有一直持续下去,因为生活追求不一样,Cindy 和丈夫和平分开了,她得到孩子的抚养权,于是一个人埋头苦干,努力挣钱,只为将两个孩子抚养长大。

Cindy35 岁时,忽然发现自己长了不少白发,按中国人的理解,白发是老去的标志,但是 Cindy 觉得那一缕白发让自己显得与众不同,她没有选择将白发染黑,而是突发奇想要留一头银发。

因为出众的气质和惊艳的身材,还有那头不加遮掩却美丽的银发,49 岁的 Cindy 在逛街时被幸运之神眷顾,她被星探发现了。50 岁的她拍了一组广告,被人赞叹,由此她开始出道,以模特身份行走于时尚圈。在我们以为快要退休的年龄,在以青春饭闻名的时尚圈,Cindy 用自己独特的美丽与气韵征服了这个浮躁的世界。

女人,就是要活出自己

在模特的道路上越走越好的同时,Cindy又做了一个超乎所有人意料的举动,因为她曾经做过彩妆师,对色彩有研究,她成立了属于自己的彩妆品牌。而她的品牌一如她的人一样立场鲜明——不是为了帮助女人装嫩,而是为了帮助女人变美。

如今,Cindy的生命更加精彩。她有一个比自己年龄小很多的男朋友,有自己的事业王国,过着自己想要的生活。

岁月带走了Cindy的青春,却从未带走她的优雅气质,而豁达的生活态度更赋予了她独特的魅力,令人过目不忘。你无法让一个六十多岁的女人眼神里没有风霜,眼角没有一点皱纹。就像Cindy全心接纳自己一样,我们也真心喜欢她微笑时眼角泛起的皱纹,喜欢她满头银发的洒脱不羁,以及清澈眼中的坚定和自信,那都是属于她的优雅和美丽。

身为女人,只有不再恐惧老去,才能够坦然面对时间的流逝。

我认识一个年近60岁的阿姨,她很喜欢自己现在的状态,即使出门买菜,也会化精致的妆容,穿自己喜欢的衣服和鞋子。阿姨神采奕奕地生活,退休了也不闲着,开了一个写真工作室,和投缘的人结伴去旅行和摄影。儿媳妇也是她的粉丝,哪个口红好看、哪个网红店适合拍照也要问这位阿姨。所以,你看,当你可以接纳自己的年龄时,在人生的任何阶段都能活出自己的趣味。

说实话,中国女人多数活得比较辛苦,耗费半生的时间为家人筹谋,在人妻人母的角色里鞠躬尽瘁,但人生最深的遗憾,是活了一辈子,却像从来没有活过。这才是真正的衰老,是打多少玻尿酸、加多少童颜线都无法拯救的衰老。

Chapter Eight
第八章 /
从此只做女主角,不做路人甲

所以,无论你现在是二十岁还是五十岁,都要成长,要爱美,要从容接受生活的苦和甜,我们想要做的事情不是去对抗衰老,而是平和地接受。只有你相信每个年龄段都有各自的流光溢彩,你才会活得漂亮、活出精彩!

年轻的姑娘穿着廉价的衣服吃着路边摊,还隔三岔五声称自己是"知足常乐",并要这样"云淡风轻到老",这是什么概念?

一个不曾为未来奋斗、不曾拥有富裕的人,假装自己很知足,是比虚荣更致命的缺点。那意味着她没有上进心,好吃懒做,并以此为荣。那只是她混日子的借口而已。

在这个时代,做事的门槛都变得很高。即使是想当宅男宅女,也要先买得起房子。那些无所事事、没有出息的年轻女孩,归根结底是经济上不强势,精神上也就萎靡不振,敏感又很计较,于是只能用清高武装自卑,用云淡风轻掩盖脆弱。

后记 | POSTSCRIPT

这是个对女性并不够友善的社会，抱歉，我没有像很多女性励志书一样去教你要温柔，要如何对付男人。因为，在我看来，变美、变得优秀是女人自己的事情，所以你的强大与独立都只与自己有关，而其他属性都属于锦上添花。

每个女人首先是个体，然后才具有社会属性，包括为人女儿、为人妻子，以及为人员工、为人领导等多重身份。这些属性虽然紧密相依，但首先要求大家是各自独立的。

你只有对自己欢喜满意，作为社会属性的那一部分才会更好地发挥作用，要勇敢，要爱生活。当生活给你耳光的时候，你能拆生活的骨，逆流而上。遇到颠簸也从不纠结，刚柔并济地迈过一道道坎就够了。

美一定是一个姑娘作为社会属性的加分项，而个人修养、人格魅力和自己的专业能力才是实力竞争时的必要项。我一直强调独立很重要，因为没有精神和经济的独立就像鱼儿离开了水，属于无稽之谈。

后记

　　愿你做一个有能量的姑娘，颜值在线，智商和情商都够用。想想你四十岁以后想要的生活，是要悠闲精致，还是要生活窘迫，你就会在当下明确地去选择。你要更自律，更爱美，更努力地工作，更主动地学习，更勇敢地做自己。

　　毕竟只有一个不缺外在也不缺内在的姑娘，在人生下半场，才可以活得有诗情、有自由、有远方。

Be yourself